咖啡大師的美味萃取科學

コーヒー抽出の法則

田口護、山田康一——著
黃薇嬪——譯

前言

萃取，是咖啡的高潮。
萃取，是品嚐倒入杯中的咖啡之前，控制最終味道的步驟。
萃取立刻就能得到結果，立刻就能嚐到滋味，
也是最能獲得成就感的愉悅瞬間。

陽光生產的生豆經過小心翼翼的手選、烘焙，創造出細緻的風味，
這一顆顆的咖啡豆、在到達我們手中之前，滿載著許多人的心意。
能讓這些咖啡豆發揮出多少優點的挑戰，
正是展露萃取實力之處，而且相當深奧。

尤其是濾紙濾杯手沖的入門門檻低，
潛藏著各種能自由操控、影響萃取的要素，
同時又具備因應個人喜好及潮流的潛力。

手沖的成敗，不只是仰賴卓越的技術、熟練的技巧，
烘焙度、粉的研磨度、粉量、熱水溫度、萃取時間、萃取量——
只要稍微改變條件，同樣的咖啡豆就會產生截然不同的味道。
也就是說，只要能正確地理解其中的法則，
人人都能輕鬆煮出想要的咖啡風味。

為了煮出想要的味道，並隨心所欲地操控上述的條件，
你必須完全理解其中的法則，
明白改變每一項條件後，將會產生什麼樣的結果。

本書想要傳達的是所有關於「萃取」的基本技術，
以及控制味道的基本法則。
只要理解法則，再利用排列組合自在駕馭，
你就能拓展咖啡萃取的可能性，得到無窮的樂趣。
只要把這些法則都變成自己的知識，
就有機會煮出一杯專屬於你的頂級咖啡。

時至今日，萃取的風格，以及民眾對於味道的好惡，隨著時代不斷改變，
法蘭絨濾布、虹吸壺、濾紙濾杯手沖、美式咖啡機、義式咖啡機……
我秉持信念使用濾紙濾杯手沖，已經有半個世紀之久。
如今，世界終於進入濾紙濾杯手沖的時代。

現今的咖啡店吧檯上，會擺放成排的濾杯，
有些店家在濃縮咖啡機旁邊也會準備著濾杯，
顧客可以選擇自己喜歡的萃取方式，
真是值得高興。

我的目標並不是把耗費半輩子所得到的技術與法則帶進棺材去，
而是希望將這些法則告訴前景大好的年輕後繼者們，
讓更多客人認識咖啡的美好。

不管你的目標是開一家自己的咖啡店，或者是想要在家裡喝一杯好咖啡都好，
烘焙生豆的難度較高，不過濾紙濾杯手沖可以輕鬆地挑戰看看。
完全的新手也能成功地沖煮出一杯好咖啡，

而下一步，就是挑戰用同樣的工具、煮出更棒的咖啡。

前一陣子，光顧巴哈咖啡館超過三十年的老顧客對我笑著說：

「我已經能煮出比巴哈咖啡館更美味的咖啡了。」

他在我們店裡喝咖啡，報名咖啡萃取班課程，也購買本店烘焙的咖啡豆。

這樣的客人最棒了。我品味著他所說的話，由衷地為他感到喜悅。

拿起這本書並學會控制法則的你，

別止步於「能煮出美味的咖啡」，

希望各位將咖啡的美好視為一種文化，傳達給更多人知道。

田口護

序章

在萃取咖啡之前

什麼是「好喝的咖啡」？

在開始萃取咖啡之前，還要經過許多工序。
優質的生豆、經過確實地人工揀選，
以最能夠引出特性的烘焙度、適度地烘焙，
然後在萃取的前一刻，配合採用的萃取方式，將咖啡豆研磨均勻，
才能進入萃取步驟，把這款咖啡豆的優點發揮到極致。
進入真正的主題「萃取」之前，我希望各位先確認：
你知道「好喝的咖啡」是什麼嗎？

維持每一杯咖啡風味的細節

本書的內容，雖然將重點擺在「萃取的控制」，不過，我們必須先了解在萃取步驟之前的漫長旅程。

萃取，就是讓這段過程中、每一位和咖啡豆有關的人們的想法和心意開花結果，是喜悅的一刻。以全程馬拉松來比喻的話，萃取相當於在看不到終點線的地方起跑、長時間默默跑著，最後終於剩下幾百公尺、已經能聽到歡呼聲，即將衝過終點線的華麗時刻。

所謂的萃取，就是讓投注在每顆咖啡豆的心意開花結果的瞬間

「從種子到杯子」（From Seed to Cup），是精品咖啡的基本理念，意思也就是從一顆種子開始，到能夠注入杯中、享受咖啡的風味為止，整段過程中的每個步驟都不可以偷懶，必須盡善盡美。這句話不僅適用於精品咖啡，也是所有咖啡的共同原則。

咖啡栽種於世界各地，發揮產地氣候的優點，各產地的收成方式也不同；但不管是手摘，或者是等果實落地再收集的收成方式，採收的果實都會混入尚未成熟的果實或雜質；即使是手摘，也有扯著樹枝粗魯拔下果實的做法，以及只挑選成熟果實摘下的方式，兩者採收的果實特性和品質也大不相同。

採收下來的果實，要經過篩選機或人工篩選。再加上，果實採收之後就這麼放著的話會腐爛，必須去除果肉和雜質、進行精製、乾燥後，才終於變成能儲存和運送的生豆。

進口的生豆還是摻雜著許多雜質和瑕疵豆，因此烘焙之前，儘管每顆生豆乍看之下每顆都一樣，仍必須經過手選步驟仔細剔除雜質與瑕疵豆。瑕疵豆會嚴重破壞咖啡的味道，因此必須先去除這項壞因子。另外，生豆的形狀和大小要一致，才能均勻地烘焙。

到了這個階段，終於要著手烘焙了。

一般人往往以為，咖啡的味道只取決於產地品牌，事實上，先決條件是「烘焙度要相同」。咖啡的苦味或酸味的幅度與品質、香味的強弱、醇度的豐富性或清澈鮮明與否等，這些特性全由生豆決定。正確掌握每種生豆的潛力，想要抑制哪個風味、引出哪個風味、成品是什麼風味，最後具體實踐，這個過程就是烘焙。

若說烘焙度足以影響咖啡的味道，並非言過其實。我希望計算出合理的範圍，將生豆與生俱來的風味發揮到極致，達到自己想要的烘焙效果。

1 **栽培**：有大規模管理的咖啡田，也有接近自然狀態的小規模咖啡田。

2 **苗**：從幼苗到開花大約要花上三年。

3 **採收**：包括徒手一顆一顆摘採，或者是利用機械採收，方法有很多種。

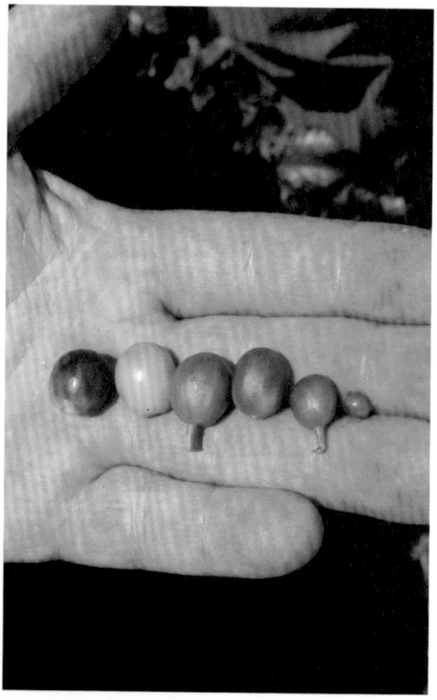

4 **果實**：綠色小果實變大變紅就是成熟了。

7 **內果皮**：日曬法的咖啡生豆，品質清清楚楚。照片上是整齊漂亮的狀態。接下來要去除內果皮。

5 **咖啡櫻桃**：完全成熟的稱為「咖啡櫻桃」。

8 **生豆**：在這個階段要盡可能地挑除瑕疵豆。

6 **日曬法**：完全曬乾之後脫殼。

從栽培到烘焙的基本流程介紹得很簡略，不過這是萃取咖啡的大前提，將這些記住之後，再著手處理經過適當烘焙的咖啡豆，正是萃取的第一步。

不管是直接購買烘焙後的熟豆、或是自己烘焙都可以，如果是購買熟豆，必須培養「精確的眼光」，選出優質的好豆；若是自己烘焙的話，也需要鍛鍊出「精確的技術」；希望各位可以參考《咖啡大全》和《田口護的精品咖啡大全》這兩本書。

如何定義好喝的咖啡？

還有一點，就是你必須明確地知道什麼是「好喝的咖啡」。

這個問題乍看之下很簡單，但是「好喝」的判斷依據與「喜歡」、「討厭」一樣，都會受到個人的喜好、身體狀態等等各種條件影響，因此很難定義。

客觀來說，我更喜歡用「好咖啡」、「壞咖啡」來形容，而不是以「好喝」當作標準。這麼一來對於任何人來說，無論任何情況，都有一個明確的標準可以參考，也能提高重現味道的可能性。

當中最簡單易懂的，就是煮出「壞咖啡」的要素；只要盡量去除造成壞味道的要素，最後萃取出來的咖啡，就是「在合理範圍內」的「好咖啡」。只要「在合理範圍內」，基本上就不可能變成難喝的咖啡。

好球帶不是只有一個針尖大，而是某個程度的範圍；我們所提煉出的咖啡味道，並不是「球」本身，而是要進入「好球帶」。透過篩選生豆、烘焙、杯測、萃取，就能煮出進入好球帶的「好咖啡」。而個人對於咖啡味道的喜好，則是在這個前提下的選擇。

那麼，「好咖啡」的好球帶，具體來說必須透過哪些條件呈現呢？我經常提到這四個條件——

❶ 沒有瑕疵豆的優質豆。
❷ 新鮮烘焙的咖啡。
❸ 烘焙度適宜的咖啡。
❹ 現磨現煮的咖啡。

接下來就一一說明每一項條件的具體內容吧！

▼1 沒有瑕疵豆的優質豆

這並不代表一定得購買價格較貴的生豆，重點應該放在這批豆子是否已經完全剔除了瑕疵豆。

瑕疵豆有許多種類，包括發酵豆、發黴豆、死豆、未成熟豆、蟲蛀豆、黑豆、可可（殘留果肉的生豆）、內果皮、破裂豆、貝殼豆、紅皮豆（乾燥過程中淋到雨的生豆）……等。這些瑕疵豆一旦混入其中，無論烘焙技術有多高明，都會產生異味、腐味，使得咖啡液混濁。

精品咖啡的問世（關於精品咖啡的詳細說明，請參閱《田口護的精品咖啡大全》），使咖啡迎向高品質時代，瑕疵豆摻雜的數量也大幅減少。儘管如此，還是需要手選步驟。而我也希望各位記住，除了精品咖啡之外，還有許多相當優質的咖啡。

▼2 新鮮烘焙的咖啡

咖啡的最佳賞味期限，如果以原豆狀態直接放在室溫保存的話，最好是在烘焙後的兩週之內喝完。

當然，環境與保存方式也會影響鮮度。保存在溫度高、濕度高的地方，會加速咖啡豆的劣化，因此若要長期保存的話，建議放冰箱冷藏或冷凍。分裝成小份量密封冷凍的話，可保存一個月以上。如果是向業者購買烘焙好的熟豆時，別忘了確認豆子的保管狀態和烘焙日期。

▼3 烘焙度適宜的咖啡

烘焙的目的是將生豆與生俱來的特性與個性發揮到極限，而每種咖啡豆最適合的烘焙度皆不同。

基本上，如果能夠把一種咖啡豆從淺焙到深焙全部烘焙過一遍，確認它的香味變化，就可以知道最適合的烘焙度。其他內容將在後文介紹烘焙度的章節中詳述，在我的著作《咖啡大全》一書中，名為「系統咖啡學」的烘焙表裡也有提到。該表介紹了低地產的軟豆和高地產的硬豆，以及淺焙到深焙的烘焙度適性。

每種生豆有適合與不適合的烘焙度，用了不適合的烘焙度、卻還想要煮出好喝的咖啡，是十分困難的。請各位參考「系統咖啡學」的表單，使用烘焙度適宜的咖啡。

▼4 現磨現煮的咖啡

原則上，咖啡要以原豆狀態保存，直到萃取前一刻才磨成粉。如果咖啡不夠新鮮，就算注入熱水，咖啡粉也不會膨脹。咖啡豆磨成粉之後，表面積會擴增數百倍，大大增加與空氣的接觸面，因此無法阻止劣化與氧化。

必須提醒各位的是，若家中沒有磨豆機而直接買咖啡粉，就算密封再放入冰箱保存，最多也只能放一個禮拜。

除此之外，應該不需要再特別提醒大家，把萃取出來的咖啡液裝起來儲存，或是重新加熱再喝，都是非常不智的行為。

也就是說，「好咖啡」的定義如下：

去除瑕疵豆的優質生豆，經過適當的烘焙之後，趁新鮮並正確萃取的咖啡。

每個人心中對於「好咖啡」的定義，或許不等於「好喝的咖啡」；不過，「壞咖啡」則毫無疑問地可以確定，就是「難喝的咖啡」。

專家，就是要能「重現同樣的味道」

追求「好喝的咖啡」，最重要的就是每次都要把球投進「好球帶」。而專家必須具備的就是控制味道的能力，能重現在好球帶範圍內那個針尖般大的目標，也就是「相同的味道」。

咖啡的味道經常搖擺不定，因為咖啡是農作物，即使在同樣的產地、同樣的莊園生長採收，也會大幅受到那一年的氣候影響。此外，還有精製、烘焙、保存管理、杯測……等過程。不管怎麼說，咖啡的味道都無法像工業產品一般，永遠確保完全一致。

正因為如此，在最後階段的萃取上，你必須學會萃取的架構，藉此補救並控制前面過程的誤差，重現一如往常的味道或追求類似的味道。

「味道的重現」對於專家來說，是另一個煮出極致咖啡不可或缺的技術，正因為能做到這樣，才有資格被稱為專家。一家咖啡店要讓上門光顧的常客認同「這裡的咖啡好喝」，感覺「今天的咖啡也和平常一樣」，標準是必須要能確實重現咖啡的味道。

接下來，就請各位實際跟著巴哈咖啡館從採購生豆到萃取為止的步驟，看看「打造咖啡味道的流程」。

❶生豆的香味特性（味）

❷生豆的手選（第一次）

❸烘焙
❹熟豆的手選（第二次）
❺熟豆的保存管理
❻調配綜合咖啡豆（若為單品咖啡，則省略此步驟）
❼研磨
❽萃取

打造咖啡味道的過程，彼此密切相關。基本上，如果到❸的「烘焙」為止，掌控度能達到九成的話，效率更佳、也更為理想。

不過，就算在❸的烘焙階段稍微烘焙過度，還是能夠在❻的「調配綜合咖啡豆」階段找回平衡；如果是單品咖啡的話，在❼「研磨」或❽「萃取」的階段，還可以進行微調。

原則上就是前面步驟的錯誤，只能夠靠後面的步驟補救；也就是說，「萃取」是微調味道的最後機會。當然也別忘記，「光靠後面的步驟，無法抵銷前面步驟的疏失」的原則，不能想著靠「萃取」來收拾善後，每個步驟都不能輕忽大意。

希望各位在這樣的前提下，完美控制最後的微調機會，用心重現你想要的味道。

認識控制法則，鍛鍊萃取技術

在最後的微調機會，也就是「萃取」階段，若能好好掌握各項要素的特性，學會引出特定味道的技巧，就有更大的機會重現咖啡的味道。尤其在限制較少的濾紙濾杯手沖上更是如此。對控制的法則一知半解就貿然挑戰萃取的話，只能說是有勇無謀。

味道的控制不是全靠熟練的技術，烘焙度，研磨粗細、粉量、水溫、萃取時間、萃取量——只要這些條件出現微幅的變化，即使是相同的烘焙豆，也會產生不同的味道，而這些法則，全都整理在本書中。

第一章是咖啡萃取的架構，徹底分析濾紙濾杯手沖的基本萃取法；第二章詳述決定味道的六大要素，探討味道控制的法則；第三章則是以濾紙濾杯手沖為主，介紹各種萃取工具的味道特性。

全世界正重新看待手沖，手沖咖啡再度受到矚目，咖啡業界有必要了解萃取控制的法則。巴哈咖啡館耗時五十年，根據實際經驗得出的法則，希望能確實讓各位讀者有所收穫。

專家必須具備控制
味道的能力，重現
相同的味道。

第一章

咖啡萃取的架構

學會基礎

「萃取」並非難事，特別是濾紙濾杯手沖的限制少；

不過，想要每一次都毫無偏差地重現穩定的味道，其實很困難。

首先，你必須了解萃取的架構，並好好的記住；

接著嫻熟這項技術的基本，才能提高重現味道的可能性。

在這一章，我們將深入探討「萃取原理」與「基本萃取法」。

1 熱水和咖啡粉的化學變化

說得極端點，如果不講究味道的話，人人都會萃取咖啡，這不是多困難的事；只要準備咖啡粉和萃取工具，其餘的只要有熱水和杯子，就能夠沖煮咖啡了。

相信你也曾有這種經驗，為什麼在常去的咖啡店喝到喜歡的咖啡，與自己在家裡沖煮的咖啡味道差那麼多？此外，一定有人遇過即使用相同的熟豆、相同的工具，自己泡的咖啡也與家人泡的咖啡不同。

更進一步地說，即使是同一個人泡的咖啡，也會有「今天的味道還好」、「這次泡的味道還不錯」等等差異。若你沒有仔細思考過「萃取」這件事，即使持續沖煮了好幾年，也很難重現萃取出來的咖啡味道。

就算你都是使用相同的咖啡豆，前一章提過的烘焙差異、保管狀況差異、咖啡粉的研磨度……等，也都會造成咖啡味道大不同。再者，同樣是好球帶的咖啡豆進行萃取時，也會因為萃取條件不同，使得出來的成品變成「勉強能喝的咖啡」、「想要再來一杯的咖啡」或是「極品咖啡」，差異就是這麼大。

萃取的動作看來彷彿只是在咖啡粉上倒熱水，不過這其中存在著科學的法則。我們無法實

| 圖表 1 | 咖啡萃取的架構

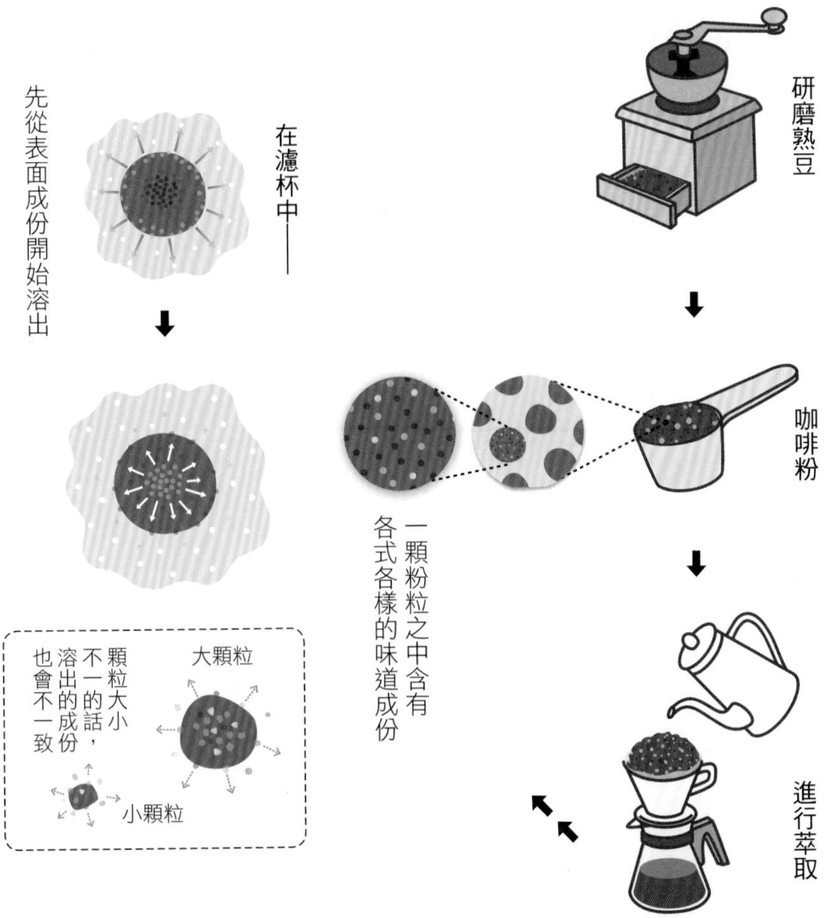
研磨熟豆
咖啡粉
進行萃取
一顆粉粒之中含有各式各樣的味道成份
在濾杯中——
先從表面成份開始溶出
大顆粒
顆粒大小不一的話，溶出的成份也會不一致
小顆粒

際看到萃取時在微觀世界裡發生了什麼狀況，不過，認識濾杯裡發生的現象，應該就能夠掌握造成萃取味道差異的相關提示。首先，我希望各位從認識萃取的架構及其衍生的現象開始。

萃取就是「引出多少」咖啡豆的成份

熱水與磨碎的咖啡豆，會在萃取工具裡產生非常複雜的現象。因此光是條件出現微小變化，就足以使得萃取出來的咖啡味道產生豐富變化。咖啡研究的第一人，也是本書的科學知識內容審訂者旦部幸博先生，針對萃取是這麼說的：

「咖啡豆的香味成份，是由到烘焙為止的步驟所決定。萃取是『能夠引出多少』生豆烘焙所產生的成份，而成份的多寡決定了味道。咖啡含有各式各樣的成份，有的成份親水性高、容易溶解出來，有的成份是親油性（疏水性）、不易溶解出來。只要知道如何利用條件與時間差引出成份，就有可能控制萃取出來的咖啡味道。」

當然，整顆烘焙過的熟豆不管是泡冷水或熱水，都無法溶解出成份來，唯有磨碎成咖啡粉，成份才容易溶出來。但是，儘管成份容易溶在冷水或熱水裡，卻也會因為接觸空氣的面積變大而流失香氣，加速氧化。因此在萃取前一刻才磨咖啡豆的「現磨」，成了「好咖啡」的重要前提。

為了引出特定的味道，顆粒大小要一致

研磨咖啡時，最重要的就是粉的顆粒大小要相同。顆粒如果不一致，溶出的成份就會不平均。假設在熱水裡浸泡相同的時間，大顆粒不易溶出中央的成份，不過如果是小顆粒，就能夠立刻溶出所有成份。而當大小顆粒混合在一起時，就很難引出你想要的味道。

在第二章將會詳細說明磨豆機的結構等等有關研磨咖啡豆的項目，利用家用型簡易磨豆機，很難把咖啡粉顆粒磨勻。咖啡豆如果在旋轉刀片不易碰到的位

| 圖表 2 | 萃取工具的類型

置，就不會被打碎，仍會是大顆粒；而咖啡豆如果是在容易被刀片磨到的位置，原本已經徹底打碎的小顆粒就會被更進一步打碎，徹底粉末化。因此無論如何，被打成細粉狀的咖啡豆都會與仍然殘留一定大小的咖啡豆並存。為了穩定咖啡味道，提高重現相同味道的可能性，並且更進一步地對味道進行控制，必要條件就是使用能夠精確調整顆粒大小的專業磨豆機。

如果各位現在用的是家用型磨豆機，希望你要用篩網等工具將磨好的咖啡粉過篩、去除細粉，讓顆粒大小達到某個程度的一致。這麼一來，當進行手沖萃取時，應該就能實際感受到味道的差別。

| 圖表3 | 浸泡萃取的原理和萃取曲線（電腦模擬的結果）

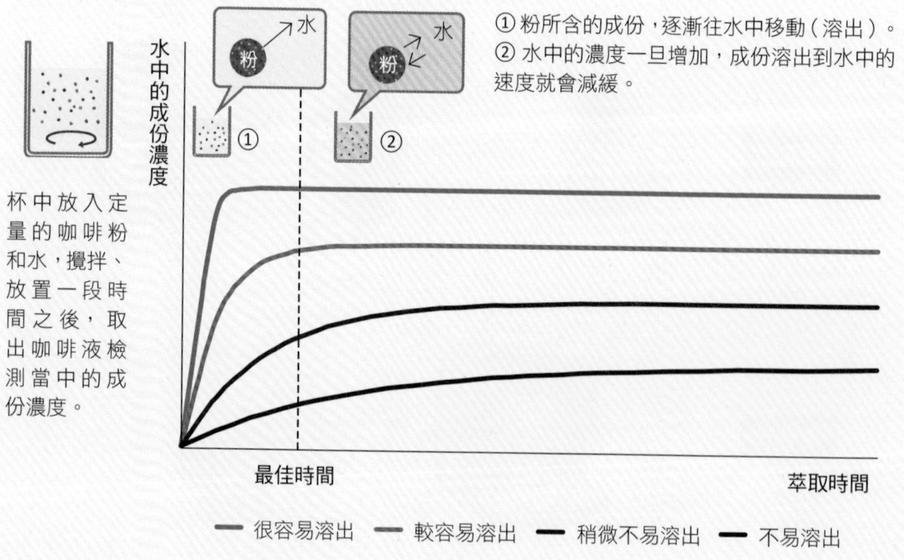

杯中放入定量的咖啡粉和水，攪拌、放置一段時間之後，取出咖啡液檢測當中的成份濃度。

① 粉所含的成份，逐漸往水中移動（溶出）。
② 水中的濃度一旦增加，成份溶出到水中的速度就會減緩。

「浸泡萃取」和「濾過萃取」的原理

希望各位把浸泡萃取和濾過萃取、也就是咖啡粉與熱水（冷水）之間發生的作用單純化，並掌握其中的原理。旦部先生已經將這些作用的資料透過電腦解析做了模擬出來。

▼浸泡萃取

先看看浸泡萃取。如〈圖表3〉所示，將定量的咖啡粉與熱水（冷水）一次全部放入。隨著時間愈久，成份逐漸溶出，因此架構較單純。

但是，咖啡粉所含的成份雖然逐漸「移動」到水裡（〈圖表3〉的①），但是不管浸泡多久，咖啡粉的成份都不會百分之百移動到水裡；因為成份不光只會暫時從咖啡粉移動到水中，溶出於水中之後，也會再度回到咖啡粉裡。

一旦咖啡粉中的成份濃度減少，水中的成份濃度增加，成份從咖啡粉移動到水中的速度就會逐漸減緩（〈圖表3〉的②）。等到雙方的速度勢均力敵時，表面上看來就不會再有更多的成份移動，達到平衡狀態。

各成份都發生這種現象的結果，整體看來就是「時間愈久，濃度愈來愈高，同時不易溶出的成份比例也會增加」。

▼濾過萃取

濾過萃取的原理比浸泡萃取更複雜。為了把原理盡可能簡化，在模擬模型裡，我們把濾杯等萃取工具換成一個圓筒來思考。

假設（事先吸飽水的）咖啡粉在圓筒裡形成粉層，再從上面一點一點地注水。水幾乎以一定的速度通過咖啡粉的縫隙，並且在一定時間之後從圓筒下方滴出；在這段期間，成份從咖啡粉進入水中。反覆幾次之後，下方就會累積萃取出來的咖啡液。詳情請見模擬這個模型的〈圖表4〉。

也就是說，「水花三十秒的時間，通過高度五公分的咖啡粉層」。如果像圖表這樣分割成五個區，每一公分為一區，也就是水通過五區咖啡粉層，分別要花六秒鐘時間。假設，「各區的萃取是六秒鐘可以達到平衡」，每一區的成份動態，會是這樣的——

STEP 1加入少量的水開始萃取：第一層很快就達到平衡，分配在粉和水的成份達到固定比例。

STEP 2六秒後：這些水移動到第二層的同時，在第一層加入新的水，前兩層的成份再進行分配。此時，第一層的粉只剩下STEP 1的成份，第二層的成份則包括STEP 1時從第一層移動到水裡的成份，以及第二層的粉一開始所含的成份，加總之後，再各自以一定的比例重新分配到粉和水裡。

STEP 3之後：再等六秒，水移動到下一層……這樣反覆進行，最後水到了第五層，從圓

|圖表 4| 濾過萃取的原理

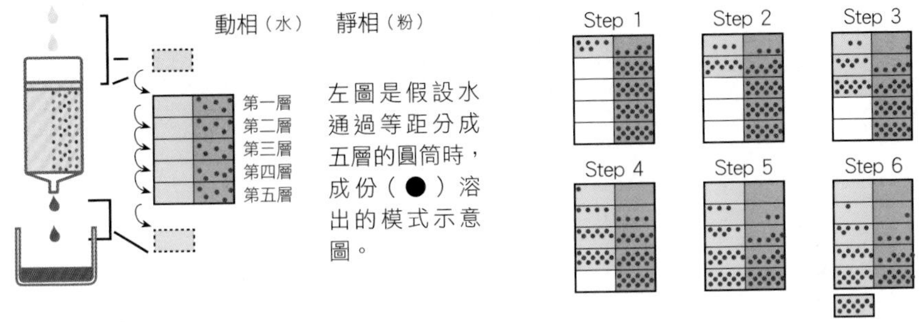

左圖是假設水通過等距分成五層的圓筒時，成份（●）溶出的模式示意圖。

|圖表 5| 濾過原理的萃取曲線

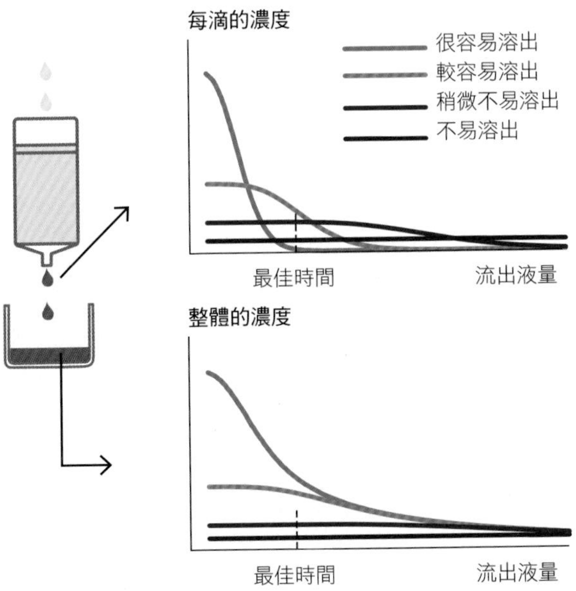

筒下方流出。透過模擬濾過萃取的模型，可以發現如〈圖表5〉的上圖所示，「最早滴出的咖啡液成份，經過高度濃縮、以幾乎固定的濃度持續萃取一段時間之後，成份就會減少，最後出盡」。

更進一步地，很容易溶出的成份雖然會早早出盡，不易溶出的成份卻是以低濃度的狀態持續被萃取出來，因此可知萃取出的咖啡液整體，如〈圖表5〉的下圖所示，「一開始是濃縮萃取，之後隨著流出量增加而變淡，同時不易溶出的成份也會增加比例」。

濾杯裡的咖啡粉層實際上並非如〈圖表4〉一般，是均勻地分成五層，只要注入熱水，就會改變形狀，實際情況更加複雜。但是利用簡化後的模型，有助大家想像濾過萃取大致的原理。

透過萃取，你想引出什麼味道？

市面上有許多關於咖啡萃取的書籍，可以說與咖啡有關的書，幾乎八成都是萃取方法的工具書。這些書通常會提到，浸泡式工具「萃取太久就會出現雜味」、而濾過式工具「先出來的是美味的成份，之後會流出雜味」。這些說明把「萃取到了後半階段就會出現雜味，因此必須在適當的時間點結束萃取」視為重點，從巴哈咖啡館的經驗來看，我也贊成這種說法。

從模擬模型上看來，的確也可得知——過了某個時間點之後，不易溶出水裡的成份比例會逐漸增加。因此一般認為不易溶出水裡的成份之中，包含「難喝」的成份。

但是，咖啡的味道是由其中所含的各式各樣成份複雜交織形成味覺，有些味道要靠各種味道彼此互相抵銷才能夠引出。咖啡味道的代表性成份是酸味、清澈鮮明的苦味、醇厚的苦味、尖銳的苦味、不好的焦味、澀味、甜味……等。關於每種味道的相關性，將在第二章的味道控制中詳細說明。大致上來說，我們不能以「不易溶出水裡的成份」＝「難喝」的成份這樣一概而論。

旦部先生認為，「『酸味』是咖啡中容易溶出水裡的成份，包括帶來刺激酸味的有機酸、以及像是又澀又酸的咖啡酸等難喝的親水性成份；而不易溶出的親油性成份也有好喝的成份。但是被稱為『不好的焦味』這種高親油性的苦澀味，是最令人覺得難喝的強烈味道；一般認為，為了避免這個成份出現，重點是必須在適當的時間點結束萃取。」

｜圖表6｜「萃取」和容易溶出的成份

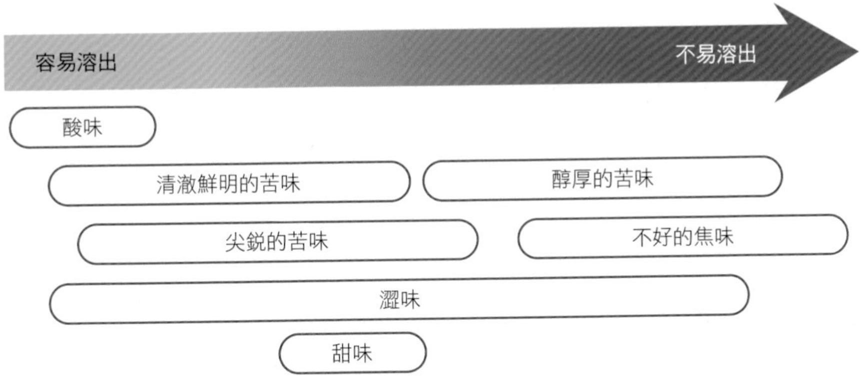

※「美味的成份容易溶出」，這句話不一定是正確的。

本書的目的是透過條件假設，針對萃取咖啡時會產生的味道變化進行理論上的討論，並利用實際萃取來驗證。如同從浸泡萃取與濾過萃取的模擬中得知的，浸泡萃取的味道變化少，不容易出錯；反過來說，能夠控制的幅度也就受到限制。若想要進行細部的味道控制，濾過萃取反而是最適合的做法。如何引出咖啡的各種味道成份？如何決定味道？享受這個過程，也是濾過萃取的精髓。

濾紙濾杯手沖可以在萃取條件上做些變化，可說是能擴大味道範圍的工具。為了了解味道控制的法則，希望大家不要拘泥於條件固定的基本萃取，透過改變萃取時的條件，放膽挑戰吧！

讓咖啡普及化、方便化

萃取的架構非常理論性，了解理論之後，人人都能重現。萃取不是只有少數人才有資格掌握的魔法，不過首先得要嫻熟「基本的萃取原理」。

許多人往往以為困難是好事，困難的事情才有實踐價值；技術愈熟練的專家，愈不想輕易地把技巧告訴後繼者們，但我不這麼認為。把咖啡的樂趣告訴更多人，讓更多人體會，這是我的願望。巴哈咖啡館從五十年前就開始只用濾紙濾杯手沖萃取咖啡，原因也是在此。

使用濾紙濾杯手沖的話，不用花大錢就能夠買到基本的萃取工具；只要讀過簡單的說明書，人人都能輕鬆地萃取出咖啡。家家戶戶都有這樣的萃取工具的話，就能期待咖啡普及於每個家庭，以及人人都會購買烘焙豆回家煮咖啡。

更棒的一點是，從初學者到專業人士，全都使用同樣的工具萃取咖啡，只要改變一些條件，無論是輕鬆品嚐的咖啡或者是追求極致風味的咖啡，都能萃取出來。濾紙濾杯手沖就是這麼棒的萃取工具。

結束萃取之後，只要把濾紙連同咖啡渣丟進垃圾桶，不像法蘭絨濾布需要多花一道程序清洗，也用不著擔心店裡或家裡的水管被咖啡渣堵住。而且濾紙濾杯比起其他萃取工具更容易取得，因此很適合當作日常生活的興趣嗜好，也會引人產生「我想要沖煮出更美味的咖啡」的企圖。

2 濾紙濾杯手沖的萃取準備

在這一節，會一一說明濾紙濾杯手沖從準備到實際萃取的過程。

接下來所介紹的工具，都是巴哈咖啡館所實際使用，而咖啡豆則是巴哈咖啡館最經典的味道：中深焙的巴哈綜合咖啡豆。

濾杯手沖的基本工具和準備

要用濾紙濾杯手沖萃取咖啡前，至少要有以下幾個工具。如同照片中所示：手沖壺、溫度計、量匙、濾杯、咖啡壺和咖啡濾紙。接著在萃取的前一刻，將適當烘焙的新鮮咖啡豆研磨成粗細一致的咖啡粉，等到熱水沸騰就準備好了。

不僅基本萃取需要這些工具，控制味道時也不可或缺；這些工具可用來讓萃取條件一致或進行微調。接下來我將詳細說明各項工具在萃取上扮演的角色、特徵、挑選方式、正確的清理和保養方式。

1 手沖壺
7 咖啡濾紙
3 咖啡豆
5 濾杯
4 量匙
2 溫度計
6 咖啡壺

1 手沖壺

濾紙濾杯專用的手沖壺，是調整溫度、一邊控制熱水量和速度並一邊注水的重要工具。手沖壺不能直接放在火上加熱，要將煮沸熱水倒入使用。也有保溫型的手沖壺，能維持熱水溫度恆定。

選購時，拿起來順手比設計樣式更重要。最好倒水進去實際試用看看握把是否好握、注水口的形狀如何，也要確認注水時能否單手操作。注水口粗細一致的細口壺，在倒出熱水時較容易維持細長的出水量，不過進行大量萃取時反而不好用。注水口基部較粗、出口較細的手沖壺（照片1-2），會比較好控制出水量的粗細。

2 溫度計

剛煮沸的熱水倒入手沖壺後，溫度會稍微下降。或許有些人是以大略的溫度進行滴濾，不過別忘了室溫與手沖壺的溫度都會大幅影響到注入時的熱水溫度。如果之後想要嫻熟地掌控咖啡的風味，就一定要準備溫度計。

巴哈咖啡館的基本萃取溫度是八十二～八十三℃。為了讓熱水溫度符合設定的標準，得要攪拌手沖壺裡的熱水，讓上下溫度均勻之後再測量水溫。在備妥溫度計的同時，也準備一支長杓（攪拌杓）充分攪拌熱水，比較容易讓水溫均勻。使用電子式溫度計也可以，不過指針式溫度計在調整溫度時更方便判讀溫度變化。

2

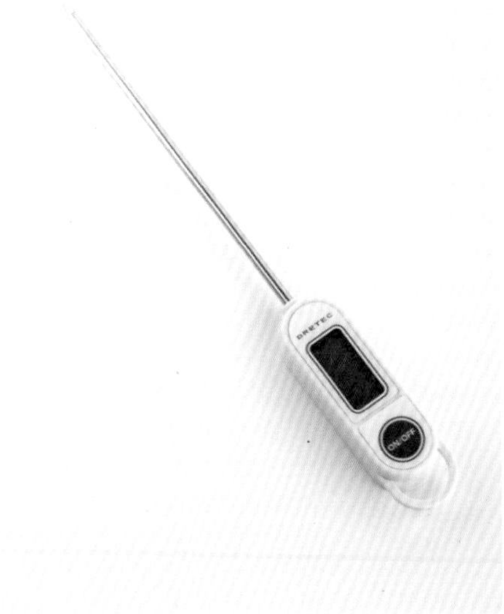

1-1

1-2

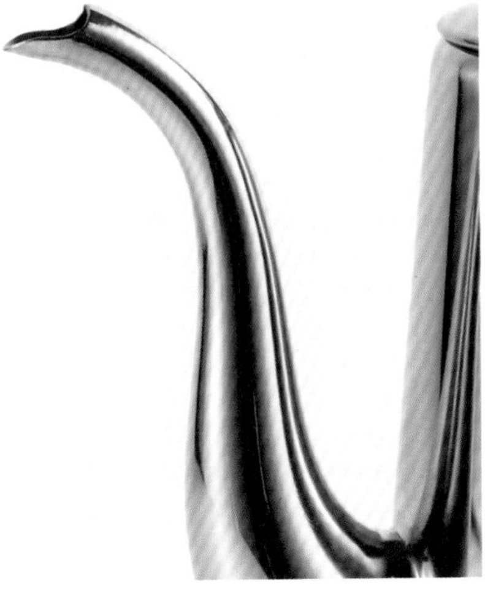

3 咖啡豆

經過適當烘焙的新鮮咖啡豆，要研磨成粗細一致的咖啡粉使用。基本萃取使用的巴哈綜合咖啡豆是偏深的中深焙，這種咖啡豆適合研磨成中等粗細，比較容易引出與生俱來的風味。

保存方式是以原豆狀態裝在密封容器裡。剛烘焙好的咖啡豆放在常溫的話，建議兩週內喝完。買回家放冰箱冷藏可保存一個禮拜；分成小包放冷凍約可保存一個月。萃取之前，一定要讓冰過的咖啡豆恢復常溫後再使用。沒有回溫直接使用的話，會拉低熱水溫度，影響風味。

4 量匙

濾杯多半有附專用量匙。基本上量匙一杓的粉量就是一人份，不過不同量匙製造商的產品，多少會有形狀或每杓公克數的差異（不同濾杯的一人份規定量也不同）。量匙在使用之前必須先測量，確認一平匙咖啡粉的重量。

此外，些微的咖啡粉份量差異也會影響味道。別忘了，當烘焙度不同時，即使體積一樣，也會有重量差異。淺焙的密度高，重量略重；深焙的話，咖啡豆膨脹，密度變低，因此重量略輕。無論如何，使用不同的烘焙豆時，還是要事先秤重確認過粉量會比較安心。

3-2

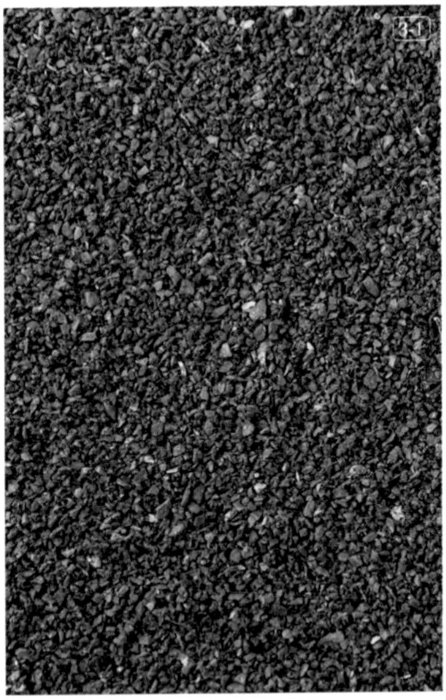
3-1

4

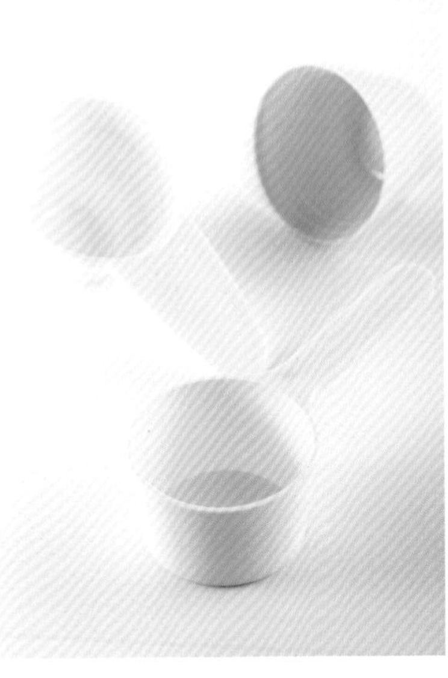

3-3

5 濾杯

濾紙滴濾的濾杯可分為扇形（或稱梯形）和錐形。扇形濾杯的出水孔有一到三個，分為一次注水及多次注水的類型。不同製造商的濾杯溝槽高度與形狀也各有特色。濾紙濾杯手沖基本上屬於濾過萃取，以咖啡粉的分層當作濾過層，不過也有些濾杯類似浸泡萃取*。

濾杯的材質包括陶瓷、聚碳酸酯（PC）、合成樹脂（塑膠）……等，當中又以陶瓷製的濾杯最耐用。

本書介紹的基本萃取，使用的是巴哈咖啡館與三洋產業共同研發的濾杯「THREE FOR」（照片5-2、5-3）。

*因為流速慢就變成浸泡。

6 咖啡壺

咖啡壺是用來盛接滴濾出來的咖啡液，因此選擇能看到咖啡色澤與份量的玻璃製品是主流。咖啡壺上有刻度的話，可根據刻度當作熱水量的標準；沒有刻度的話，也可用咖啡秤（或稱手沖咖啡電子秤，照片6-2）一邊秤萃取量的重量一邊萃取。

挑選咖啡壺要考慮到與濾杯大小之間的平衡，要能穩定放上濾杯，且方便清洗、堅固耐用的產品。另外，咖啡壺雖然不會直接放在火上，不過最好還是選擇使用耐熱玻璃的產品

6-1

5-1

6-2

5-3

5-2

7 咖啡濾紙

咖啡濾紙一定要選用適合濾杯的專用濾紙。不同製造商的濾杯在形狀大小上有微妙的差異，因此有時濾紙會不合用。基本上各家製造商都有開發出符合自家濾杯形狀的濾紙，這些濾紙產品的材質與織法，能幫助你正確萃取咖啡。使用濾杯製造商推出的咖啡濾紙才是最佳選擇。如果使用其他廠商的濾紙產品，可能無法充分發揮濾杯的特性。

另外關於濾紙的顏色，大約二十五年前有報導指出，部份廠商採用氯系漂白

〈圖 7-2〉咖啡濾紙的表面
咖啡濾紙因為製造商不同，所以纖維粗細和織法也不同，能配合濾杯的特性，成為控制過濾速度的重要因子之一。我偏好使用濾杯專屬的咖啡濾紙。

咖啡濾紙的摺法（扇形濾杯）

① 摺起側面的接縫處。

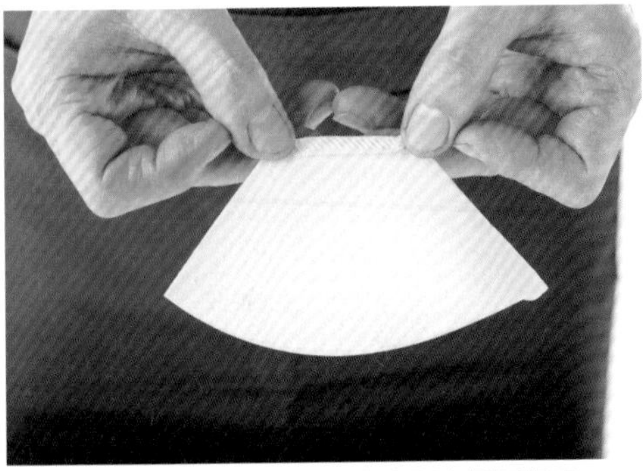

② 摺起底部的接縫處。摺的方向要與側面相反。

③ 用拇指和食指壓平底部的角。

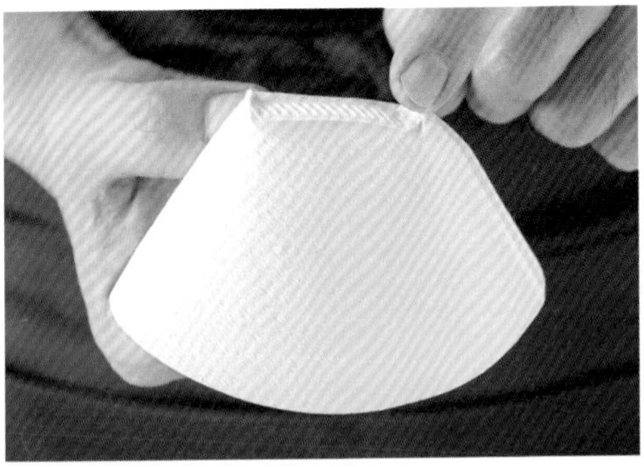

④ 也壓平另一邊的角。

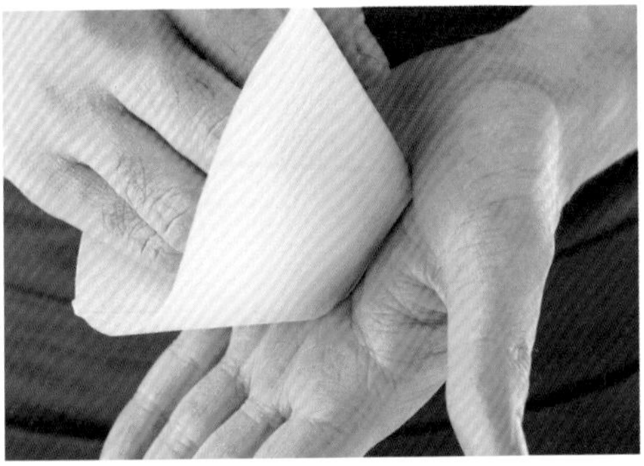

⑤ 手指伸進濾紙內側調整形狀。

⑥ 配合濾杯的形狀套上濾紙。

劑漂白濾紙，因此有段時期常有人說，無漂白的（褐色）濾紙比起經過漂白的（白色）濾紙，可能比較不傷害環境和健康。不過，現在各家廠商都已經改用氧系漂白劑。三洋產業表示：「無漂白的濾紙因為少了漂白步驟，為了去除木漿臭味，所以木漿纖維的清洗作業是平常的兩倍。此外，機器的清潔與保養很費事，成本因此變高，所以產品價格也跟著水漲船高。」所以說，無漂白濾紙是否比較環保，還很難定論。

不同的咖啡濾紙因為各製造商在纖維粗細與織法上花費的工夫不同，被稱為揉紋加工的表面凹凸和纖維粗細等特徵也不同，所以即使以完全相同的條件進行萃取，咖啡液過濾的速度也會產生差異。看照片7-2或許還不太清楚，不過實際觸摸的話就會發現，有些濾紙的正反兩面有明顯的凹凸，有的只有單面凹凸，有的則是兩面光滑……等，種類形形色色，另外還有開細孔的濾紙。很難一概而論哪種類型的咖啡濾紙比較好，必須看濾紙與各濾杯的搭配情況。有的咖啡濾紙甚至還能夠補強濾杯的不足。

8 姿勢

注入熱水時，手臂的位置不能偏移，手腕、手肘和腋下固定，左手（左撇子則是右手）插腰，上半身面向正面，保持穩定姿勢（照片8-1）。右腳向前一步，左腳稍微往後站，畫「の」字*注水時，不是只有手臂移動，整個身體的重心也要跟著移動，這樣才能夠穩定注入濾杯的熱水量與速度，也更容易控制微量的熱水（照片8-2）。

手沖時，如果工具和容器上有水滴殘留，會破壞咖啡的味道。因此最基本且必須徹底養成的習慣，就是在清洗這些工具、容器之後，要立刻用乾淨的布擦乾水滴。用布的邊緣拿著工具擦拭內側，就不會留下指紋。也可以根據不同用途準備不同顏色的布。

8-1

8-2

本節將說明濾紙濾杯手沖的萃取方式，統一採用最穩定的兩人份萃取。

3 濾紙濾杯手沖的基本萃取

熱水量的控制

進行萃取時，我希望各位精通「熱水量的控制」。拿手沖壺注水時，能維持熱水柱的粗細、穩定，學會自在調節水柱大小。因此必須盡可能減少不確定的因素。即使只沖一人份的咖啡，手沖壺裡的熱水也務必要裝至八分滿，就是這個緣故。熱水量太少的話，手沖壺的傾斜幅度會變大，握把的位置也會變得不固定（圖表7）。

熱水從距離咖啡粉表面約三～

使用工具

・濾杯— THREE FOR G102
・咖啡濾紙— THREE FOR 102專用濾紙

三洋產業 THREE FOR 系列的G101是單孔濾杯，G102是雙孔濾杯。為了控制過濾速度，溝槽較高；濾杯底部的出水孔緣向外突出（照片是G101）可提高吸附力。

萃取條件

・咖啡粉—巴哈綜合咖啡豆
・烘焙度—偏深的中深焙
・粉的研磨度—中磨
・粉量—二人份24公克
・熱水溫度—82～83℃
・萃取量—三百毫升

開始萃取之前

❶ 備妥萃取必須的工具，研磨回到室溫的咖啡豆。
❷ 摺好咖啡濾紙套入濾杯。濾杯裡倒入份量精確的咖啡粉。
❸ 煮滾熱水。把熱水倒入手沖壺裝至八分滿，方便穩定注水。為了維持溫度，事先從手沖壺倒熱水至咖啡壺與咖啡杯裡，溫壺燙杯，這樣也能夠穩定手沖壺注水口附近的熱水溫度。
❹ 等到熱水溫度降至82～83℃，即可開始萃取。

｜圖表 7-1｜ 熱水量少，握把位置會往下移

｜圖表 7-2｜ 熱水量八分滿

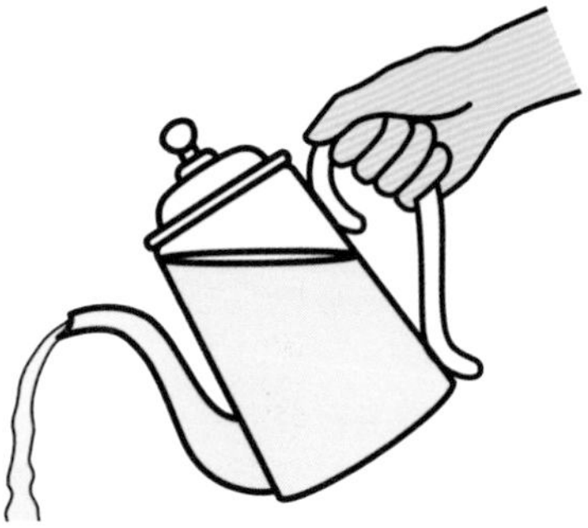

▲ 握住手沖壺握把的位置，必須配合壺中剩餘的熱水量改變。傾斜的角度愈小，愈能夠穩定注水，因此裝入手沖壺的熱水量最好是八分滿。

｜圖表 8｜ 注入的熱水柱角度與高度

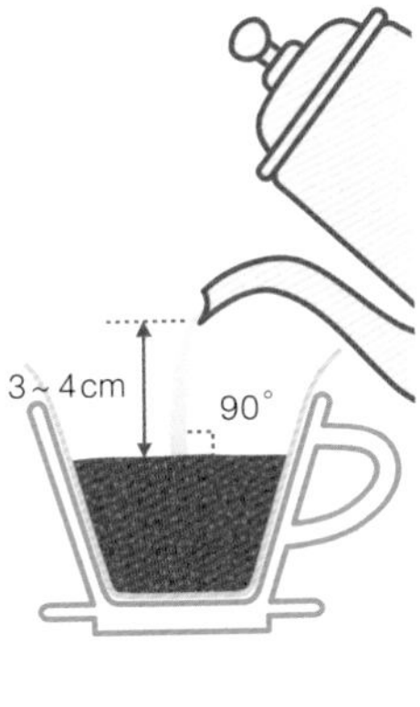

｜圖表 9｜ 熱水柱的扭曲

▲ 拿著手沖壺從咖啡粉表面三～四公分高的地方對著表面注水，像是把水垂直放上去一樣。
注入濾杯的熱水，在混入空氣變得扭曲之前，必須保持粗細一致。

｜圖表 10｜ 像是在畫「の」字

▲ 為了保持濾過層均勻，要以畫「の」字的方式緩慢注入熱水。如果把熱水直接淋在濾紙上，造成濾過層四周的粉牆崩塌的話，熱水就會直接流失，沒有通過咖啡粉的濾過層，也就無法萃取出咖啡的成份，變成濃度很低的咖啡。

｜圖表 11｜ 萃取時的濾杯剖面

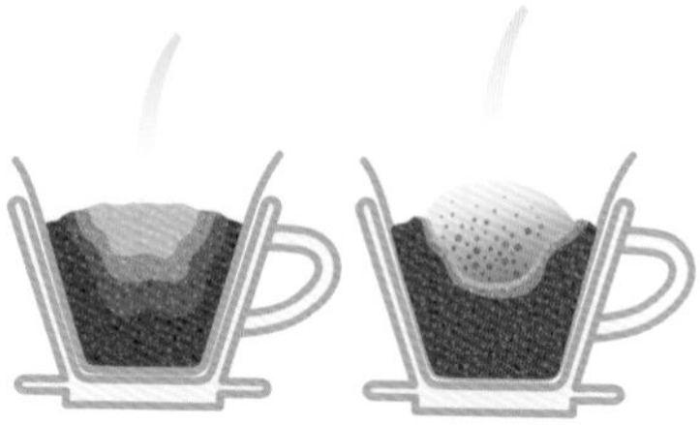

▲ 熱水從注入的位置逐漸離心擴散。一開始是進行「悶蒸」，接著熱水滲透所有咖啡粉，粉粒張開、形成有厚度的濾過層，咖啡的成份變得容易流出。

四公分高的地方垂直落下，熱水柱最理想的粗細是二～三公釐。熱水一開始落下時，水柱要細且慢，到了萃取後半段始逐漸加粗（圖表8、9）。

濾杯裡的熱水在萃取時是如何流動的呢？我們利用剖面圖和俯瞰圖來看看（圖表10、11）。請在腦中想像萃取時的熱水動向與空氣動向，應該就能明白不直接把熱水淋在濾紙上的原因了。

萃取的流程

第一次注水

把咖啡粉倒入濾杯，輕輕晃動濾杯讓表面平整（避免咖啡粉過度集中）。從距離表面三～四公分高的位置細細注入少量熱水；注水時要定量且慢慢畫「の」字，想像自己是把熱水輕輕放在粉上，讓熱水滲透所有咖啡粉。此時要小心，別直接把熱水淋在濾紙上。（左頁圖①～⑥）

1

2

3

4

5

6

熱水滲透所有咖啡粉之後，表面就會隆起像漢堡排的形狀，這個狀態正在進行「悶蒸」，就這樣讓它悶蒸三十秒。目標是第一次注水結束時，滴進咖啡壺的咖啡液只有幾滴，或最多只有薄薄一層覆蓋壺底的程度。

第二次注水

等到悶蒸結束，再開始第二次的注水。畫「の」字注水，讓熱水滲透所有咖啡粉，小心別讓變成漢堡排形狀的濾過層邊緣崩塌。咖啡粉愈新鮮，咖啡粉表面就愈會高高隆起，而且會產生質地細緻的泡沫。咖啡粉不新鮮或水溫太低的話，有時表面就不會隆起，反而會凹陷。極淺焙的咖啡則不太會產生細泡沫。（下圖⑦～⑧）

第三次之後的注水

從第三次開始，注水的時機是當咖啡粉表面中央稍微下凹時（左頁圖⑨～⑩）；原則上要在熱水滴完的前一秒注水。如果等到熱水滴完才注水，濾過層就會難以復原。大多數的咖啡成份都是要到第三次注水才會完全萃取出來。第三次之後的注水是用來調整濃度與萃取量，第四次注水的水柱要略粗且速度加快。到達規定注水量，也就是咖啡壺的三百毫升刻度時，要在熱水滴完之前先一步拿開濾杯。（左頁圖⑪～⑬）

⑦

⑧

9

10

11

12

13

萃取的重點整理

❶ 使用新鮮的咖啡豆

❷ 選擇適當的研磨度，粗細要均勻

❸ 保持適當的熱水溫度

❹ 充分悶蒸，打造濾過層

❺ 不可以把熱水淋在咖啡粉邊緣

❻ 萃取後半段要加速進行

萃取失敗的原因及改善方法

沒有遵守萃取重點進行的話，就會失敗。

舉例來說，不夠新鮮的咖啡粉就不會膨脹，無法充分悶蒸。咖啡粉的研磨度太粗的話，熱水就會快速往下掉；粉粒太細反而會塞住濾杯，煮出澀味強烈的咖啡。研磨粗細不均的話，進入熱水的味道成份也會不均，難以煮出想要的味道。在控制味道時，也要仔細注意熱水溫度，不能只是目測，必須拿溫度計精確測量，才是成功的關鍵。保持濾過層完整尤其重要，否則熱水會在成份萃取不完全的狀態下往下滴，煮出淡而無味的咖啡。到了萃取後半段，不必要的成份比例會增加，因此進行速度要快，減少不必要成份的萃取量。

熱水如果淋到咖啡粉邊緣，濾過層就會塌陷，導致萃取不完全。

悶蒸失敗的例子 ①：凹陷

悶蒸失敗的例子 ②：噴出蒸氣

悶蒸失敗的例子① 凹陷

如果咖啡層表面中央凹陷、沒有隆起，首先要思考咖啡豆是否不夠新鮮。即使咖啡豆很新鮮，熱水溫度太低時也會發生同樣情況。冬天的室溫很低，建議濾杯要事先用熱水煮過、燙杯，完全擦乾後再使用。

悶蒸失敗的例子② 噴出蒸氣

在悶蒸的步驟，有時表面會噗滋噗滋地產生破洞、噴出蒸氣；這是因為剛烘焙好的咖啡豆有很多二氧化碳，要是咖啡粉磨得太細、或微粉太多，還是說熱水溫度太高……等，這些原因都會使得空氣無法完全排出。悶蒸不完全的話，咖啡的味道就會亂七八糟。

｜圖表 12｜ 悶蒸失敗的原因

咖啡濾紙與濾杯緊密貼合，使得空氣無法排出，無處可逃的空氣於是從咖啡粉表面噴出。

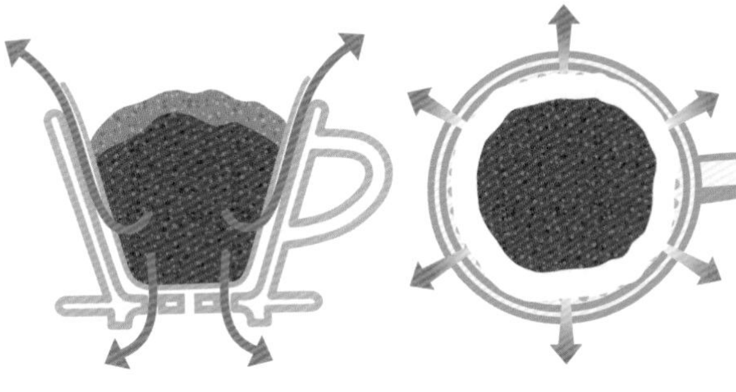

｜圖表 13｜ 濾杯內溝槽的作用

濾杯內部的溝槽能在濾杯與咖啡濾紙之間形成空氣通過的通道，讓空氣往四面八方排出，就能夠維持咖啡粉的漢堡排形狀，達到完全悶蒸。

第二章

決定風味的6大法則

利用影響味道的六大要素，掌控手沖風味

為了在萃取時把咖啡豆的魅力發揮到極致，
你必須先知道影響風味的「六大要素」，
是如何決定咖啡的味道。
只要懂得這六大要素的法則，就能按照所想的控制味道，
也能夠調整咖啡豆的誤差，打造出高原創性的風味。

400
ml
APPROX.
3
300

1 從咖啡萃取出來的味道成份

學會了萃取的基本之後，接下來可以挑戰看看改變條件、自由控制味道。只要微調基本萃取的重點，利用萃取原理，就能夠引出想要的味道。味道的控制並不是經驗老到或技術熟練者的專利，只要了解影響風味的六大要素原理，人人都能辦到。

在第一章所介紹的巴哈咖啡館基本萃取，也並不是能把每種咖啡都煮出最出色的味道，那是從各式各樣的條件中自行排列組合出的條件，為的是把咖啡控制成最符合巴哈咖啡館風格的味道。

這一章的內容是說明控制咖啡味道的「六大要素」，以及各要素的法則，一一說明改變這些要素後所發生的味道變化。如果能好好地利用這些要素的特性、組合影響的因子，自在操控，就能創造出獨家的原創風味。

記得，當發現你想要的味道時，別忘了記錄各要素的條件，才能一再重現這一杯咖啡的理想風味。

「香氣」、「醇度」，這些味道是怎麼來的？

為了煮出想要的味道，首先必須先了解究竟咖啡的「味道」是什麼。第一章也提到，咖啡最具代表性的味道要素，是酸味、清澈鮮明的苦味、醇厚的苦味、尖銳的苦味、不好的焦味、澀味、甜味……等。

味道的喜好當然因人而異，不過多數日本人偏好「香醇順口」、「鮮味」。不僅是日本人，韓國、台灣、中國、泰國等等，亞洲圈的國家似乎也有相同的偏好。

一般人常說「美國人重視香氣」、「日本人重視味覺」；香醇順口的口感不僅限於咖啡，我們在飲料（例如茶）和飲食上，也追求這種被稱為「亞洲味覺」的熟悉味道。高湯因為日本料理的普及而受到全世界矚目，現在「鮮味」已經逐漸成為世界共通的美味標準。

咖啡當然沒有鮮味成份，但「醇度」卻能夠製造「鮮味」的效果。「醇度」是由幾種複雜味道和諧交織而成、是能夠感覺到深度的味道，會影響咖啡味道的好壞而特別受到重視。

人的本能會提防「苦味」和「酸味」

味覺包括「甜味」、「酸味」、「鹹味」、「苦味」和「鮮味」這五種。我們的舌頭上有分別對應這些味覺的受器，能感知味道。而澀味和辣味則是舌頭以外的部份所感覺到的痛覺和溫度，與狹義的味覺不同；另外，「溫度」也會改變味覺的感覺。

人類來到這個世界，最先放進嘴裡的東西就是母乳或牛奶，當中含有「甜味」、「鮮味」，因此我們對於這兩種味道、再加上「鹹味」，一共三種味覺有安全感，並且認為這些是身體所必需的。相反地，「酸味」和「苦味」則是必須提防注意的味道，身體認為它們是危險的東西。

小時候一吃到有苦味的蔬菜，我們就會皺眉、不自覺地吐出來。這反應與喜好無關，而是我們的身體判斷那是對身體不好的東西。我們嚐到有酸味的檸檬或酸梅就會流口水，也是為了中和掉口中偏酸性的pH值。這些都是人類本能的自然反應。

隨著成長，我們累積了許多味覺經驗，確定那些味道安全無虞之後，就會更進一步地追求刺激，去接觸各式各樣的味道。咖啡主要的味道，從人類本能來看是需要提防的「苦味」。但是咖啡的「苦味」卻被賦予「香醇順口」、「清澈鮮明」、「醇厚」等各式各樣正面的形容詞。事實上，平常不太喝咖啡的人一喝咖啡時，通常比較喜歡「苦味」強烈的深焙咖啡。

咖啡的主要成份是咖啡因？

提到咖啡的苦味，各位最先想到的是什麼呢？多數人或許會回答「咖啡因」。如同各位所知道的，咖啡因是具有提神醒腦作用的成份，除了咖啡之外，也存在於茶、巧克力和巴西的瓜拿納碳酸飲料之中。

咖啡因也有苦味，但是咖啡的苦味不只是來自於咖啡因。

旦部先生表示：「過去一般人相信咖啡的苦味是來自於咖啡因。但是烘焙的程度愈深，苦味愈多，咖啡因的含量卻沒有變化。由此可知，『咖啡的苦味來自於咖啡因』這句話值得懷疑。無咖啡因咖啡發明之後，儘管拿掉了咖啡因，咖啡仍然留下大量的苦味。由此可知，咖啡的苦味是受到咖啡因以外的苦味物質影響。後來隨著研究進行，我們確定咖啡苦味之中有一～三成來自於咖啡因。

咖啡因容易溶於水，會讓人感受到清澈鮮明的苦味。從藥理學的角度來說，這種『令人覺得清爽、還想再喝』的美味，具有很重要的作用。」

醇厚的苦味、清澈鮮明的苦味

咖啡常用的形容方式有「清澈鮮明的苦味」和「醇厚的苦味」；也就是在口中殘留時間短的苦味，以及殘留時間長的苦味。對於這一點，旦部先生這樣解釋：

「喝咖啡時，進入口中的液體有大部分都直接喝了下去，但有少部份成份停留在味覺感應器，也就是味蕾和口腔黏膜上，在黏膜上形成薄膜，再由唾液洗去。基本上，分子量小且親水性高的分子，流失的速度愈快；咖啡的苦味成份，因為分子的大小與親水性的不同，有許多成份會快速消失，也有些會暫時殘留；前者會帶來清澈鮮明的苦味，後者則會成為留到最後的苦味。」

另外，除了苦味的成份之外，其他味道因子也存在著很複雜的關係。旦部先生表示：「以酸味為例，酸味原本水溶性高且容易流失，具有促使唾液大量分泌、進行中和的作用，因此整體的流失速度較快。從結果來看，不只是酸味消失的速度快，其他成份消失的速度也偏快。因此酸味成份多的話，就會覺得咖啡味道清爽。另一方面，澀味成份會與口腔內的蛋白質結合，因此殘留的可能性高。油脂成份則會與其他親油性高（親水性低）的成份融合，留在口腔內的時間也較長，因此被認為具有延緩其他成份消失的作用。」

就像這樣，各式各樣的味道彼此存在著複雜的關係，因此咖啡的味道——正確來說是「味道的感覺」——會產生變化。

「香醇、順口」的味道，是從哪裡來的？

那麼，亞洲人重視的「香醇順口」、「飽滿滑順的口感」，又是什麼情況呢？咖啡是液體，不可能有黏稠的質地。

旦部先生表示：「味道物質從口中慢慢消失的話，我們會感覺到比液體本身實際擁有的更多的黏性。相反地，味道物質快速消失的話，就會感覺黏性較弱。多種苦味緩緩流過的感覺讓人覺得厚重滑順，像是天鵝絨般的觸感，因此以『香醇順口』來形容。人類會把某個感覺與其他感覺混淆在一起，這種認知稱為『聯覺』。而也就是這種認知系統，使人感覺有同樣黏性的液體就是『香醇順口』。」

同理，旦部先生認為產生清澈鮮明的感受，也是因為你產生了這種想法：「清澈鮮明味道的特徵，是會快速從嘴裡消失，這樣子當下只會覺得清爽、『清澈鮮明』。為了感覺到苦味的清澈鮮明，首先必須有只差一步就要覺得討厭的刺激苦味；另一項條件則是這種苦味會快速消失。習慣咖啡苦味的人遇到刺激的苦味，也會感到某種壓力；這種苦味倏地消失的同時，壓力也會瞬間消失，因此帶來爽快的感覺。我認為這就是咖啡味道『清澈鮮明』的真面目。」

另一方面，醇厚口感的產生，也是因為咖啡的成分在口中長時間停留，再加上各式各樣味道的廣度與深度——「美味物質的含量豐富所產生的濃厚感與持久性、味道物質種類豐富所產生的味道複雜性，這些都很很重要。」（旦部）

也就是說，終極目標不是只有引出單一種類的目標味道，而是能夠以什麼樣的比例引出多種味道，使味道成份完美共存，達成平衡。

咖啡少不了恰到好處的酸味

有時會聽到咖啡愛好者說：「優質咖啡要有恰到好處的酸味。」他們十分了解酸味的重要性。酸味對咖啡來說，是僅次於苦味的重要因子。但是一般消費者或不太習慣喝咖啡的人，多數不喜歡咖啡的「酸味」。為什麼會產生這種誤解呢？其中一個原因是，「討厭酸味」的人想到的多半是「咖啡劣化所產生的酸味」。

咖啡在烘焙的過程中，從淺焙到中焙的階段酸味最強，進入深焙之後酸味就會消失，轉為苦味變強。烘焙、萃取都正常的咖啡，幾乎不會產生討厭的酸味。

但是用保溫電盤持續保溫的咖啡、使用烘焙後保存狀態不佳導致吸收濕氣的咖啡豆或存放太久、劣化的咖啡豆煮出來的咖啡，都會產生討厭的酸味。這些都只是咖啡豆沒有適當保存所造成的結果，與咖啡與生俱來的酸味天差地別。咖啡在生豆階段幾乎感覺不到酸味，經過烘焙之後，生豆所含的蔗糖等成分分解，增加了有機酸的含量，並且在淺焙到中焙的階段，酸味會逐漸增強。旦部先生表示，咖啡所含的有機酸與水果的酸一樣。

他解釋：「咖啡生豆所含的酸，包括生豆階段的綠原酸、檸檬酸、蘋果酸，烘焙過程中產生的奎寧酸、咖啡酸、乙酸等。除此之外還有脂肪酸類、磷酸等。除了澀味強的咖啡酸、綠原酸，其他多半是一般常見水果的各種酸味物質。蘋果酸正如其名，是類似即將成熟的蘋果般、有點帶收斂味的酸味，檸檬酸則是柑橘類的酸味。乙酸是食用醋的主要成份，低濃度就能夠感覺到香醇滑順的酸味，在各式各樣的水果裡也有這個成份。而奎寧酸和檸檬酸，兩者在奇異果等水果內的含量很豐富。」

喝咖啡時感覺到的酸味，主要是檸檬酸和乙酸，再與生豆所含的其他各種酸組合，構成非常複雜的酸味。此外，咖啡溫度下降就不易感覺到苦味和甜味，較容易感覺到酸味，所以萃取過一段時間之後，即使是同一杯咖啡也會感覺酸味變強，就是這個原因。

而這些味道的濃度感，就成為「醇度」，變成厚度（body），逐漸加深味道的深度。

「醇度」的誕生，主要是來自於味道的複雜性與味道的持續性。旦部先生對於醇度的分析是這樣的：

「剛開始只感受到一種味道時，你會判斷或預測『這東西就是這種味道』；一旦接下來感受到不同的味道，你會感到驚訝。如果有多種味道成份的話，各成份在嘴裡如何被唾液沖走，都會影響到味道的變化感覺，因此你會覺得味道有深度，判斷這個咖啡有『醇度』，我想應該是這個原因。也就是說，『醇度』不單純只是與成份的複雜性有關，也與持續性和感知味道的時間有關。另外也必須考慮到我們的大腦對於複雜的成份是如何認知。」

咖啡的「甜味」，是嗅覺＋味覺的結果？

評價咖啡味道時，使用的是「風味（Flavor）」這個詞。把咖啡含在嘴裡，從鼻子竄出的香氣與嘴裡的味道加總起來，合稱為風味。風味是香味，也就是「溼香氣（Aroma）＋味道（Taste）」。作為風味表現的溼香氣，指的是從嘴裡穿過鼻腔而出的口含香。咖啡從嘴巴到鼻腔的溼香氣，比起鼻尖直接感受到的香氣更豐富。

優質咖啡帶有微微的甜香，也有很多人以「後味甜」來形容。我也聽消費者說過：「我喜歡甜甜的咖啡。」然而事實上萃取出來的咖啡幾乎不含甜味的成份。對於這一點，旦部先生這樣解釋：

「生豆裡原本所含的蔗糖量就少，在淺焙為止的時間點幾乎已經遇熱分解，而等到烘焙結束時，那個濃度已經感覺不到甜。咖啡中也找不到蔗糖以外的甜味成份。因此咖啡的甜味是否真實存在，至今仍值得懷疑。」

但是，實際喝咖啡的話，在淺焙到中焙的咖啡裡，能夠喝到類似棉花糖的甜香，還有帶一點辛香料風格的焦糖或楓糖漿這類的甜香味。而且不是只有香味，感覺上也有這些味覺。關於這一點，旦部先生認為，這或許也是在說明香醇滑順時提到的「聯覺」作用：

「咖啡裡含有稱為酮類（furanone）的香味成份。假如咖啡的甜味是這個成份帶來的風味，那就說得過去了。這些是醣類加熱後產生的成份，也當作食品的香料使用，加水混合、含在嘴裡，就會感覺到甜味，不過捏起鼻子就會失去甜味。這是因為口含香的甜香味通過鼻子產生『聯覺』，所以讓你感覺到綜合風味裡的甜。」

關於咖啡的甜味成份，目前尚未釐清其真面目，不過根據旦部先生的主張來看，假如那是香味帶來的甜味感覺，也就可以理解為什麼咖啡的溫度一改變，或是沖煮好放一段時間的咖啡，酸味會變強、不會覺得甜了。

萃取時產生的泡沫，是咖啡的澀味

使咖啡味道更豐富的，不只有苦味、酸味、甜味，也包含了「澀味」。咖啡的「澀味」被認為是負面、不好的味道。日本人都知道澀柿汁和茶之中所含的單寧是澀味成份。按照旦部先生的說法，「澀味與苦味並存就會增強，有加成效果」，也就是說，咖啡裡的「澀味」是雜味，也可以說是「鹼味」。

咖啡的鹼味容易集中在泡沫裡，舔一舔泡沫就會嚐到不舒服的澀味。使用手沖萃取時，在濾杯的泡沫滴完之前要把濾杯從咖啡壺上拿開，也是為了避免「鹼味」進入萃取液。

但如果是義式濃縮咖啡的話，一般認為「咖啡脂（crema，褐色泡沫）正是美味的來源」。若問褐色泡沫是否需要去除，也不需要，差別就在於「脂質」和「烘焙度」。

咖啡也含有微量的「脂質（油脂）」。烘焙豆存放一陣子之後，表面就會浮現亮晶晶的油脂，這就是咖啡的「脂質」。

旦部先生表示：「深焙豆含有許多具界面活性作用的成份。義式濃縮咖啡的褐色泡沫是帶空氣的泡沫，因此口感類似鮮奶油般輕盈，而且界面活性成份的集結也使得褐色泡沫穩定。義式濃縮咖啡會萃取出許多脂質，與澀味成份一起集中在泡沫裡，脂質具有把咖啡的味道和香氣成份保留在舌頭上的作用。」

另外，在咖啡裡添加的鮮奶油或牛奶等，也能有效減少討厭的澀味。

旦部先生說：「澀味成份會與鮮奶油、乳製品所含的酪蛋白等等牛奶蛋白結合。」因此咖啡加入鮮奶油或鮮奶的話，能降低澀味；苦味強烈的義式濃縮咖啡加入大量奶泡做成拿鐵咖啡時，能夠抑制苦味，變得格外香醇滑順，容易入口。

2 決定味道的六大要素

接著我將針對控制咖啡味道的「六大要素」，一一說明。

六大要素之中，除了烘焙度之外的五項（粉的研磨度與粉量、熱水溫度、萃取時間與萃取量），都和「萃取」有關。

萃取時必須微調各項條件，有幾項條件經過正確測量的話，就能維持風味穩定，不過，也有的很難如你所願。其中，咖啡粉的粉量、水溫和萃取量，這三項條件只要數字精確，相對來說較容易複製。但是咖啡粉的研磨粗細會受到磨豆機的精準度影響。至於手沖，最難控制的就是萃取時間，因為注入熱水的速率與節奏，都會影響到萃取時間。

決定咖啡味道的六大要素

ⓐ 烘焙度　ⓑ 粉的研磨度

ⓒ 粉量　ⓓ 熱水溫度

ⓔ 萃取時間　ⓕ 萃取量

另外，為了控制味道，也必須盡量排除會讓味道走偏的其他要素。

我在基本萃取中也提過，絕對不能漏掉的條件，就是要使用剛烘焙好的新鮮咖啡豆。烘焙經過兩個禮拜以上或是保存在惡劣環境而劣化的咖啡豆、快要酸敗的咖啡豆，很難留住熱水，這種時候必須使用九十℃以上高溫的熱水，否則煮不出味道與香氣。

另一方面，有些咖啡濾紙的紙質容易吸收四周的氣味或濕氣，因此已經開封的咖啡濾紙不宜直接放入抽屜或櫃子，必須裝進密封容器裡保存，否則濾紙上的氣味會成為影響味道的重大因素。在咖啡工具的管理上務求用心，放太多年的東西就別用了。

用完的濾杯、咖啡壺等等工具也是，要立刻用中性洗潔精清洗，再以乾布擦乾水氣。為了避免咖啡的澀味殘留，必須常保清潔。磨豆機和其他用具也要定期清理，避免細粉堵塞。殘留在磨豆機裡的細粉會氧化，對咖啡味道造成很大的影響。最重要的是工具都必須保持乾淨，事前準備與使用完畢的清洗保養，都不可以偷懶。

a 烘焙度

在咖啡的味道上影響最大的就是烘焙度，若說烘焙決定咖啡大半的味道，一點兒也不為過。烘焙若是出了大差錯，很難利用萃取補救。從決定目標味道的咖啡烘焙度開始，就已經在進行味道控制了。

我在《咖啡大全》中已經提過，咖啡味道的差異，與其說是產地品牌的不同，倒不如說是烘焙度所造成。不過產地品牌的味道特性，必須在相同烘焙度的條件下比較才會突顯出來。就像「深城市烘焙（中深焙）的哥倫比亞豆」，咖啡豆的「某個味道特性」必須搭配固定的烘焙度才會顯現。

摩卡豆天生就帶酸味，但是經過深焙之後，酸味就會消失，苦味就會冒出來。而苦味是其特徵的曼特寧豆如果用淺焙的話，則會產生不討喜的酸味。

烘焙度有各式各樣的分法，不過一般來說大致可分成四～八個階段。

淺焙 ▼ 輕度烘焙／肉桂烘焙

中焙 ▼ 中等烘焙／高度烘焙

中深焙 ▼ 城市烘焙／深城市烘焙

深焙 ▼ 法式烘焙／義式烘焙

實際烘焙咖啡豆就會知道，這種分法是與「爆裂」的時間點有關。爆裂是指生豆加熱、收縮／膨脹後裂開的狀態。生豆會透過炸裂膨脹變大。「輕度烘焙」是第一次爆裂之前，「肉桂烘焙」是第一次爆裂過程中，「中等烘焙」是第一次爆裂結束時，而「高度烘焙」是咖啡豆即將產生皺摺、香氣改變的前一刻。「城市烘焙」是到第二次爆裂為止，「深城市烘焙」是第二

	中深焙	深焙		
 城市烘焙	 深城市烘焙	 法式烘焙	 義式烘焙	烘焙度
有柑橘類的清爽酸味，苦味的比例變重，香料的香氣等也變明顯，咖啡的味道更豐富，咖啡豆的顏色變深。	酸味與苦味比例幾乎相同，保持絕佳的平衡，咖啡擁有最豐富的味道，咖啡豆的顏色也明顯變深。 烘焙幾天之後，表面會滲油也是其特徵。 巴哈綜合咖啡豆也是這個烘焙度。	仍然殘留酸味，但苦味更明顯強烈，變成濃醇厚重味道。 咖啡豆的顏色是黑中仍帶著褐色。類似巧克力的香氣也增加，當作增添風味的咖啡豆使用。	褐色消失，幾乎是黑色。表面滲出油，有油光。因為生豆經過徹底烘烤，香氣和苦味強烈，幾乎感覺不到酸味。 入喉清爽。當作增添風味的咖啡豆使用。	特徵
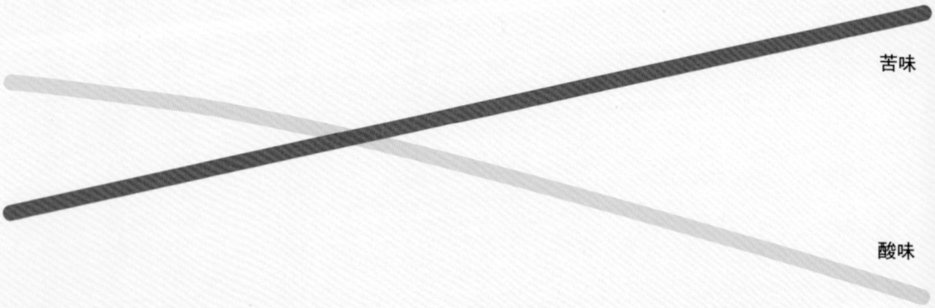				味道變化

|圖表14| 咖啡烘焙度與味道變化

	淺焙			中焙
烘焙度	 輕度烘焙	 肉桂烘焙	 中等烘焙	 高度烘焙
特徵	烘焙度最淺，生豆本身的澀味和討厭的刺激澀味強烈。還沒有咖啡的香氣和苦味，不適合當作好喝的咖啡飲用。 用來試焙與測試咖啡豆的特徵。	烘焙度比輕度烘焙略深，不過生豆還是有強烈的刺激的澀味，苦味與強烈酸味尚未出現。不適合當作好喝的咖啡飲用。 主要是用在試焙與測試咖啡豆的特徵。	有類似咖啡的味道，香味尤其明顯。有順口的酸味與溫和的醇厚口感，味道柔軟輕盈。 咖啡豆和咖啡液的顏色偏明亮，適合咖啡入門者。	咖啡豆表面即將出現皺紋、香氣就要改變前的烘焙度，整體的味道比中等烘焙強烈。 有新鮮水果般亮麗的酸味，以及奶油、焦糖、楓糖漿和香草等等的香氣。
味道變化	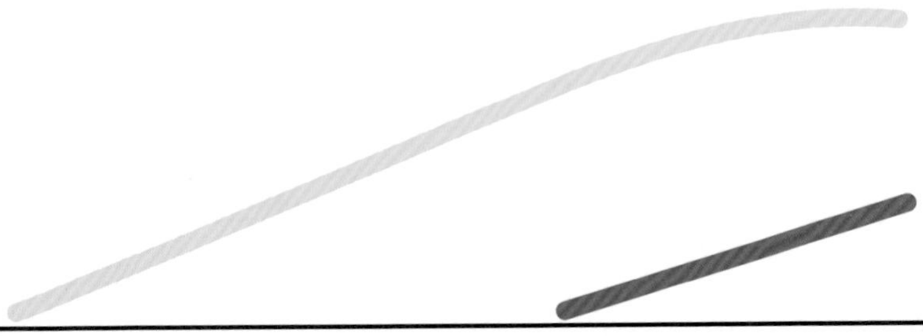			

☑ 照片上的咖啡豆皆與實體等大，印刷時也盡可能接近實品的顏色。這是巴哈咖啡館的分類標準。咖啡的烘焙度沒有嚴格的規定，標準端看各店家與烘焙師自行決定。

☑ 各位看過各種烘焙度的「特徵」之後，再看看底下的「味道變化」圖，就能夠知道酸味會在中度烘焙時達到高峰，苦味則是會隨著烘焙度等比增加。酸味與苦味的平衡也會影響到甜味的感覺方式。

☑ 巴哈咖啡館認為中深度烘焙的酸味與苦味最平衡，也較容易感覺到甜味，因此設定為巴哈綜合咖啡豆的主要烘焙度。

次爆裂結束時。「法式烘焙」是黑色仍帶褐色的階段，「義式烘焙」是褐色消失變黑的階段。

每種咖啡豆最適合的烘焙度不同，哪個烘焙度最適合，必須實際將各生豆從輕度烘焙到義式烘焙全部試一遍，並且在各烘焙階段檢查味道，才得以找出最能發揮豆子個性的最佳烘焙點，藉此決定烘焙度。如果是自家烘焙的話，我希望各位能不吝耗費時間心力，重新學習烘焙技巧與系統，實際試過一遍。

因為各烘焙師與咖啡店的考量不同，所以烘焙度的選擇標準也有微妙的差異。購買烘焙豆的時候，最好先問問他們是如何決定哪種烘焙度最能夠引出生豆風味。我建議大家，要在理解生豆個性與烘焙度關係的前提下、決定適合烘焙度的咖啡店購買烘焙豆。

巴哈咖啡館的烘焙度標準與區分方式，如下一頁的介紹。照片上的咖啡豆與實體等大，顏色也盡可能接近實品顏色，提供各位作為參考標準。巴哈咖啡館的生豆是分為淺焙、中焙、中深焙、深焙這四個烘焙度進行烘焙。

不同類型的咖啡生豆，有各自適合與不適合的烘焙度，《咖啡大全》中將咖啡豆分為四類。在這裡，我更進一步地將各類型適合的烘焙度整理成相關圖，這樣子大家就有某種程度的參考標準，能找到準確度九成以上的烘焙度。

A～D型豆的特徵

A的含水量少，整體偏白色，熟度非常高。咖啡豆的大小不一，形狀扁平且厚度薄。咖啡豆表面的凹凸相對較少，觸感圓滑。大多是低至中海拔產地的咖啡豆。酸味少，香氣也少，透熱性佳。使用淺焙至中焙也不會變成極酸，深焙反而會變成沒有特色的味道。適合淺至中焙。

B是用途廣泛的類型，咖啡豆略偏乾枯，表面有些凹凸不平。多半是低至中高海拔產地的咖啡豆，也可使用淺焙、中焙至中深焙。有些豆子採用深焙之後，會變成容易入口的入門款咖啡。不過淺焙容易產生澀味，必須小心。

C多半是中高海拔產地的咖啡。咖啡豆厚，表面少凹凸。用途廣泛，多半可與B型豆、D型豆互換。適合咖啡味道和香氣最豐富的中深焙，香氣尤其出色，兼有複雜絕妙與俐落簡單的味道。

D類型是高海拔產地的咖啡。咖啡豆顆粒大且肥厚，肉質硬且表面有凹凸。透熱性差，有強烈酸味。適合中深

| 圖表 15 | 咖啡豆的四種類型與烘焙度

類型／烘焙度	D	C	B	A
淺焙	×	△	○	◎
中焙	△	○	◎	○
中深焙	○	◎	○	△
深焙	◎	○	△	×

這張相關圖說明，當依據特徵將生豆分為A～D四個類型時，哪個烘焙度最能夠發揮生豆天生的風味特性。◎是最佳的基本烘焙度，○是適合，△是尚可，X則是不適合。

焙至深焙，適合喜歡煙燻味的人。深焙之後味道會變得比較單調，不過能夠充分享受到A、B型豆所沒有的濃厚感。

烘焙度造成的味道變化

既然談到了烘焙度，為了煮出目標味道，一定要先確認各類型生豆是否採用最適合的烘焙度，以及了解各烘焙度的風味特徵。反言之，如果向烘焙知識充足、值得信賴的店家採購烘焙豆的話，就能順利煮出每個烘焙度所預期的味道了。記住前頁的「咖啡烘焙度與味道變化」，就能想像出大致的味道。

在主要的味道變化上，烘焙度愈淺，酸味愈強烈，酸味的高峰落在中焙。另一方面，苦味則是從中焙開始逐漸增強，到深焙為止是最高峰。這兩個主要味道的平衡，幾乎決定了咖啡的風味。

不管是購買烘焙豆或採用自家烘焙，生豆的類型與烘焙度的關係不是只有單一標準，有些生豆能夠廣泛對應各種情況，因此實際萃取進行杯測，才是最準確的方法。理解前面介紹過的理論，但也別死板不知變通，最好能用自己的味覺實際去感受看看。

本書最後介紹巴哈咖啡館使用的萃取杯測方法，也介紹簡單的評分表，希望各位能實際萃取、杯測，感受烘焙帶來的味道變化，記錄並比較感受到的味道，應該會有新的發現。

淺焙的注意重點

烘焙度也有流行趨勢，有些新開的咖啡店主要會採用時下流行的風味。而目前「第三波」系統的咖啡店重視的是淺焙咖啡。

淺焙咖啡豆幾乎感覺不到苦味，是以酸味為主要的風味。問題是，想要利用烘焙正確引出咖啡豆原有的酸味十分困難；因為淺焙的烘焙時間短，火的熱度無法到達生豆的芯，因此你會感受到類似火燒心（胃酸湧上來）的酸味。即使是淺焙，只要火的熱度能夠確實到達生豆的芯，就不會產生火燒心的酸味，並且能享受到生豆天生的酸味。因此各位選購烘焙豆時請務必小心。

另外，即使採用正確的淺焙，萃取時也必須十分謹慎。淺焙的顆粒密度高，容易沉澱，因此很容易降低萃取速度。有一次在手沖比賽上，連這種荒唐的手法都出現了——有參賽者因為咖啡粉沉澱導致濾紙濾杯堵塞，於是用攪拌的方式讓咖啡液滴落。也就是說，儘管是濾紙手沖咖啡，採用的原理卻不是濾過式，而是類似浸泡的做法。

萃取速度變慢，容易產生澀味，因此我們會希望咖啡液盡可能快速滴落。只要選擇粗磨的粉，以及滴落速度快的錐形濾杯，咖啡液就會在高溫狀態快速滴落，在多餘的澀味出現之前盡早完成萃取。希望各位能夠從本書中學會這種控制方法。

ⓑ 粉的研磨度

序章中提過，好喝的咖啡、也就是好咖啡的四大條件最後一項，就是「現磨現煮的咖啡」。原則上咖啡要以原豆狀態保存，萃取前一刻才磨成粉，這是為了確保咖啡豆的鮮度。如果咖啡不夠新鮮，萃取時就不會充分膨脹。咖啡豆研磨成粉之後，表面積會擴大，加速二氧化碳氣體的流失，同時也會逐漸失去香氣。

磨豆時要使用磨豆機。咖啡粉不是磨得愈細愈好，粉的研磨度（顆粒）粗細也是影響萃取成份的重要因素之一。

顆粒愈細，咖啡粉的表面積愈大，萃取出的成份也會愈多，液體濃度會變濃，苦味也會變強。相反地，顆粒愈粗的話，粉的表面積愈小，萃取出的成份也就愈少，當然濃度也會變淡，苦味偏弱。苦味弱的話，酸味就會被突顯出來。

另外，顆粒粗細對於後續其他條件、也就是萃取時間，同樣會造成影響。顆粒細的話，即使其他條件相同，仍會拉長萃取時間；比較水通過粗粉縫隙與細粉縫隙的時間，就不難想像，應該是後者（細粉）比較花時間。萃取時間一旦拉長，整體的濃度就會上升，原本不想萃取出來的成份也很可能會跑出來。

細磨（4.0）

中磨（5.5）

粗磨（7.5）

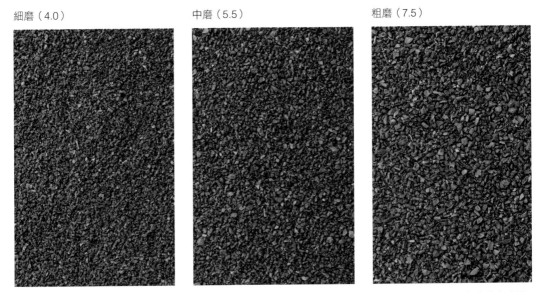

以上照片是巴哈咖啡館實際使用的業務用磨豆機（Ditting公司的Disc Cutter KR804），細磨、中磨和粗磨的咖啡粉，照片和實物等大。不同製造商的磨豆機刻度也不同，因此要事先確認哪個刻度磨出來的是哪個大小。

｜圖表 16｜ 業務用磨豆機的咖啡粉粒徑分佈

研磨度	磨豆機刻度	粒徑分佈（%）												
細磨	4.0	2.3	1.1	2.7	5.7	14.5	24.5	27.3	14.9	7.1				
中磨	5.5	8.6			3.2	6.2	10.2	16.3	17.3	15.3	10.1	12.7		
粗磨	7.5	8.3				9.4		9.5	12.0	14.5	14.6	13.4	7.8	10.6

0　0.5　1.0　2.0

顆粒直徑（mm）

即使主張「研磨粗細均勻」，實際調查之後仍會發現粉粒大小必然存在某種程度的不均。粉粒的直徑（粒徑）分佈如右圖所示，呈現山形。

這座山愈高愈尖銳，表示愈均勻。細磨～中細磨的時候，高性能業務用磨豆機的山形顯得很高，山腳近乎是左右對稱向外延展（但是在磨豆機的構造上來看，粗磨的分佈會變廣，重心也會略靠左邊）。細粉多的話，重心就會偏向 0.5mm 以下的區域，形成歪斜分佈。

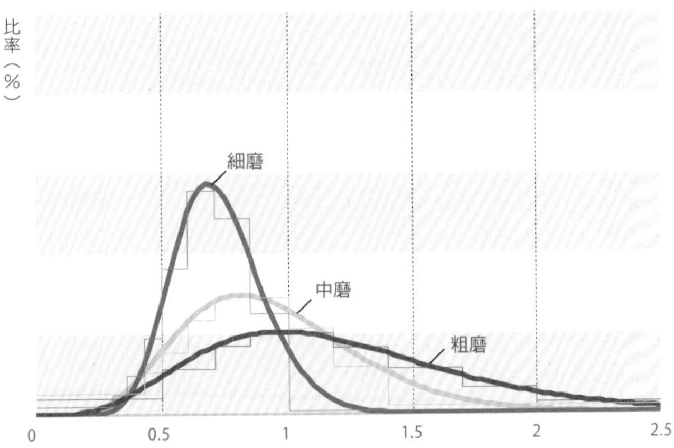

磨豆時有四大重點：

（1）顆粒大小要均勻。

（2）避免產生細粉。

（3）避免生熱。

（4）配合萃取方式選擇研磨度。

實際的萃取作業可說是從磨豆階段就開始了。儘管「現磨」是基本原則，不過如果顆粒大小過於不均且充滿細粉的話，不如在購買咖啡豆時，就請店家用業務用的優質磨豆機幫忙磨成粉，並且盡早喝完比較好。接著，就磨豆的四大重點說明影響萃取和風味的原因。

▼（1）顆粒大小要均勻

顆粒粗細不均的話，即使接下來利用熱水溫度或其他方法控制味道，也很難只讓想要的成份溶出於熱水裡。咖啡的味道、濃度也會不均。選購磨豆機的時候，最好要注意是否能夠研磨均勻。

根據磨豆機的鋸齒構造，大致上可分為螺旋槳式磨豆機、碾磨式（磨盤或鋸齒）磨豆機、滾軸磨豆機（見〈圖表18〉）。

螺旋槳式（即常見的刀盤／刀片式）磨豆機即使是電動的，價格也多半較低廉好入手；不過也多半沒有咖啡粉磨到一定粗細就會自動送出的功能，因此會增加細粉量或容易研磨不均。

家用的手搖磨豆機與業務用的電動磨豆機大多是碾磨式，好好保養的話，能充分發揮功能。而滾軸磨豆機研磨出來的顆粒大小十分平均，但是價格昂貴，僅用於大企業的烘焙工廠等。

業務用磨豆機的刀刃材質多半更耐用，在清除細粉的同時也要定期檢查磨豆機的刀片；如果發現研磨粗細不均，或是刀刃明顯磨損的話，必須更換刀片或磨刀。

▼（2）避免產生細粉

細粉是遠低於研磨度、非常小的顆粒。碾碎咖啡豆時無論如何都會產生細粉。但是細粉會給咖啡味道帶來不良影響，也會導致萃取出不好的苦味與澀味，因此細粉盡可能愈少愈好。

麻煩的是，細粉會附著在磨豆機內部。不管準備了多麼新鮮的烘焙豆，如果磨豆機內部有不曉得什麼時候沾附的細粉、而且已經酸敗的話，使用新鮮烘焙、現磨的咖啡豆也無濟於事。

為了避免細粉產生，最有效的辦法就是使用能減少細粉產生的高性能磨豆機，而且每次使用都要清理附著在磨豆機上的細粉。如果這樣還是產生細粉，就在咖啡粉磨好後用過篩，讓研磨顆粒均勻並去除細粉。

混入細粉的咖啡也會阻礙濾過。細粉一多，能通過濾紙的熱水流量就會減少，拉長萃取時間，因此難以過濾掉雜味。

另外，細粉一旦進入濾紙形成的咖啡粉層顆粒之間，很可能造成堵塞。以石牆等來打比方，這就像是大石頭之間塞著小石子，咖啡粉層之間也會出現同樣狀況（圖表17）。

▼（3）避免生熱

這裡所說的熱，是指研磨過程中產生的「摩擦熱」。研磨時產生很多摩擦熱的話，咖啡的味道和香氣會明顯受損。家用磨豆機是在短時間之內研磨少量咖啡豆，因此無須擔心這個問題；但如果是大型工廠或自家烘焙店的話，磨豆機必須長時間持續研磨時，就會產生摩擦熱的問題。磨豆機在使用過程中必須休息一定的時間再繼續。

▼（4）配合萃取方式選擇研磨度

回想前面提過的法則，就不難看出萃取工具和適當研磨度之間的關係。

假設要煮義式濃縮咖啡，把深焙咖啡豆細磨之後，利用濃縮咖啡機在短時間之內少量萃取，完成的咖啡就會產生強烈的苦味。而同樣的咖啡粉使用濾紙濾杯手沖的話，在滴濾過程就會塞住，導致注入的熱水無法滴落，也無法控制萃取時間，造成萃取拉長，

|圖表 17| 濾紙剖面的放大想像圖

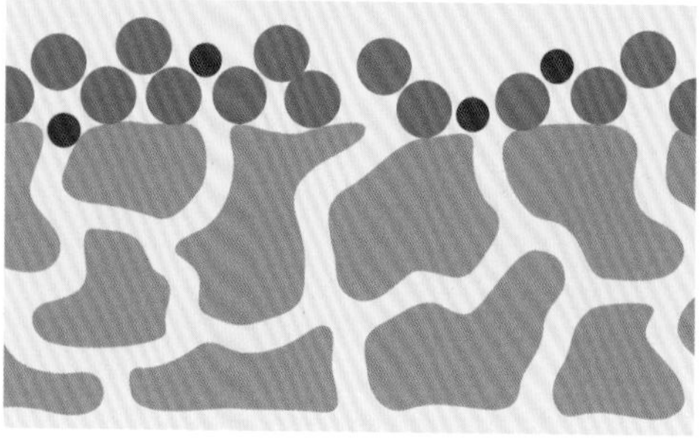

▲ 細粉少／熱水通道寬，能夠順利通過。

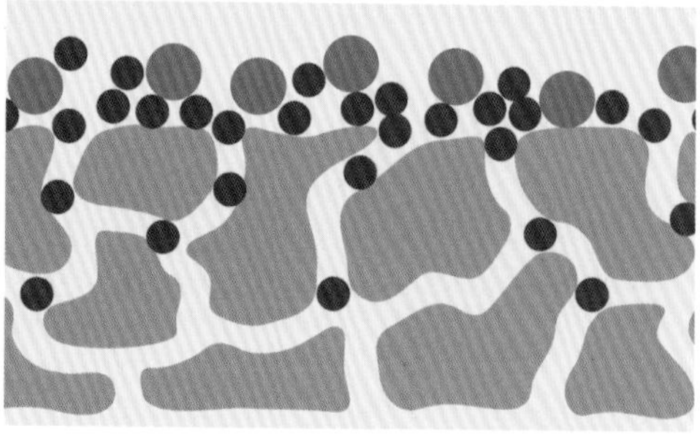

▲ 細粉多／細粉塞住熱水通道，容易引起堵塞。

※ 大小●表示咖啡粉。

| 圖表 18 | 磨豆機的構造

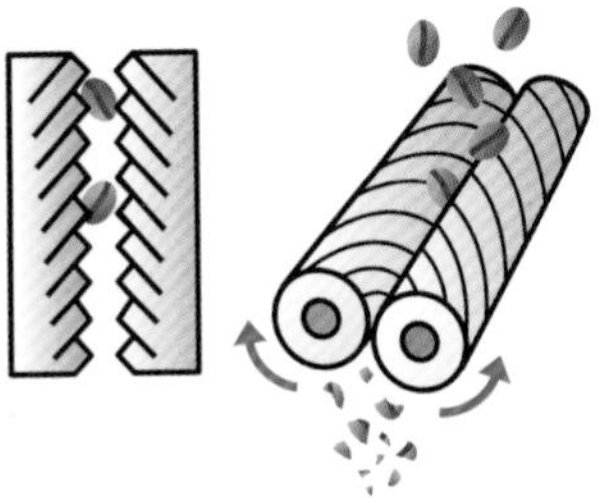

滾軸磨豆機

能把咖啡粉研磨均勻，少有摩擦熱且能夠長時間持續使用。多半使用耐用的鋸齒，因此價格也貴。主要是工業用。

碾磨式／磨盤磨豆機

家用、業務用電動磨豆機常見的形式。利用調整鋸齒與鋸齒之間的縫隙決定顆粒粗細，鋸齒的材質有不鏽鋼、陶瓷……等，價格幅度高低也較大。

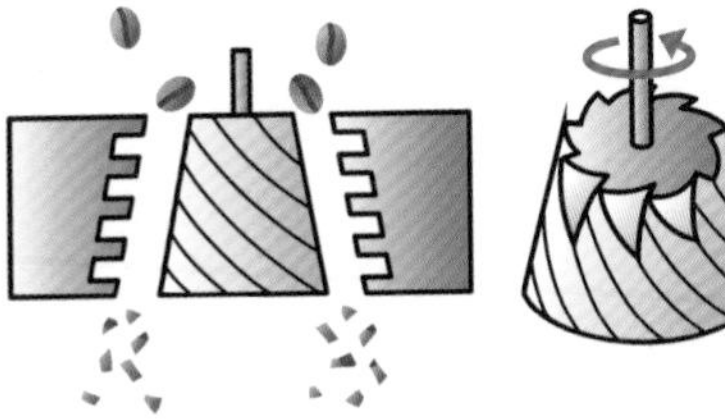

碾磨式／鋸齒磨豆機

此類型的磨豆機多半是手動。可利用螺絲的鬆緊進行無段調整。手動磨豆機多半無法做到極細磨。濃縮咖啡機專用的電動磨豆機多半是這種構造。

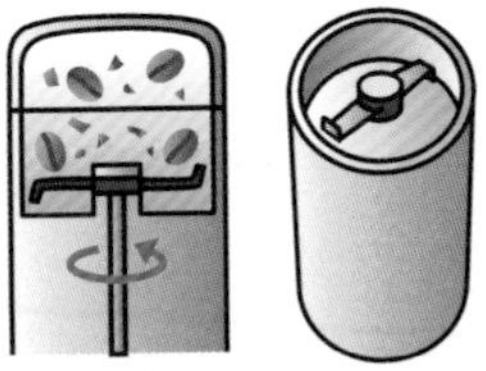

螺旋槳式磨豆機

利用兩片羽葉刀片旋轉切割咖啡豆。最能以低價入手的家用磨豆機類型。不過咖啡粉的顆粒粗細很難均勻，細粉增加的可能性也高。

【磨豆機的挑選方式】

磨豆機從家用型到業務用型都有，種類很多，價格區間的差異也大。家用型的簡易磨豆機大約數千日圓起跳，業務用的款式則要數十萬日圓，價差甚大。我們要買的是符合這裡所列條件的磨豆機。如果是業務用的，必須選擇能夠耐得住多次測試，材質等不易生熱、不易劣化的產品；而且就算會產生細粉，也能在研磨過程中以吸塵裝置幫忙吸取清除。

如果你想要做到專業級的萃取，請確認上圖的研磨方式之後，詳細了解各種類型的性能，再選購精密的磨豆機。

最後就會萃取過度。但如果改用超粗磨的咖啡粉，熱水則會在尚未充分萃取出美味成份之前，就快速滴落到咖啡壺裡。因此，使用濾紙濾杯手沖的話，基本上最適合中磨~中粗磨的研磨度。

由此可知，每種萃取工具都有各自最適合的研磨粗細。想要利用研磨度調整味道的話，可別忘了這一點；取得烘焙度與粉量的平衡，進行微調。

配合萃取方式選擇研磨度時的基本原則如下，把這些原則當作參考標準進行微調即可。

細磨 ▼ 土耳其咖啡壺（細粉末）、直火式濃縮咖啡壺（摩卡壺、拿坡里壺等）、濃縮咖啡機（極細磨）。

中磨 ▼ 濾紙濾杯手沖、法蘭絨濾布、虹吸壺。

粗磨 ▼ 冰滴咖啡壺（超粗磨）、咖啡滲濾壺（極粗磨）。

順便補充一點，土耳其咖啡壺形狀類似長柄湯杓，使用方法是把咖啡粉、水和砂糖同時倒入壺中加熱，也就是利用「煮出法」的萃取工具。

土耳其咖啡和義式濃縮咖啡使用深焙豆的原因還有一個——因為深焙豆較脆弱，容易磨細。

咖啡專用磨豆機也會受到民情風俗的影響。在以義式濃縮咖啡為主的義大利，磨豆機一般是研磨深焙易碎的咖啡豆，因此研磨偏硬的淺焙豆容易故障。像日本這樣，烘焙度範圍廣且使用多種研磨度的國家並不多見。

｜圖表 19｜ 研磨度與各要素的關係

研磨度	細磨	粗磨
表面積	大	小
萃取成份	多	少
濃度	濃	淡
味道	苦味	酸味

｜圖表 20｜ 粗磨與細磨的粉粒結構

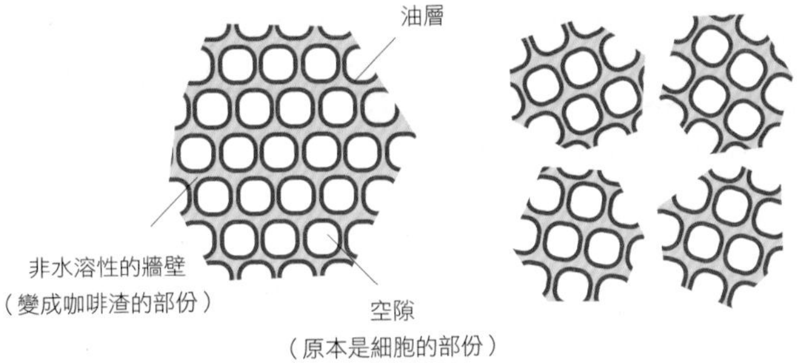

細磨（右）的表面積比粗磨（左）更大，溶有成份的油層較容易直接接觸到熱水，因此流出的成份增加。

｜圖表 21｜ 流出液量與成份濃度

實際萃取時，在初期階段（第一次注水到第二次注水剛開始），粉的表面成份會先直接流出，接著粉的中心成份會遵循濾過萃取模型（圖表 26）溶出。這個初期狀態也會根據悶蒸時間與溫度而改變。

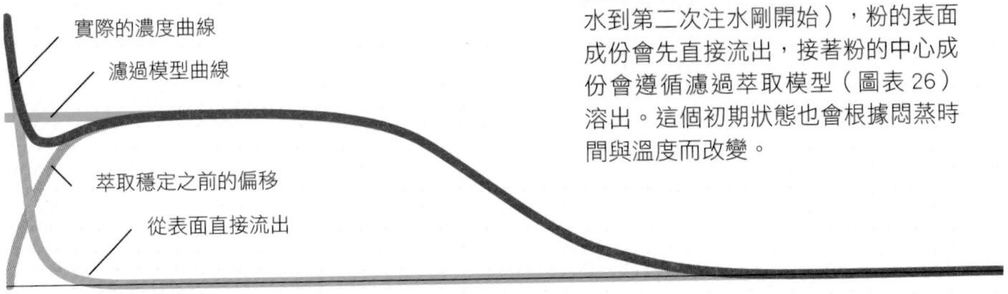

b｜粉的研磨度與味道變化

基本萃取條件

● 咖啡粉 ▸▸▸ 巴哈綜合咖啡豆
（a）烘焙度………略深的中深焙
（c）粉量…………二人份 24 公克
（d）熱水溫度……83℃
（e）萃取時間……3 分 30 秒
（f）萃取量………300 毫升

在不同條件下進行杯測，
並且分為五等級進行評分。

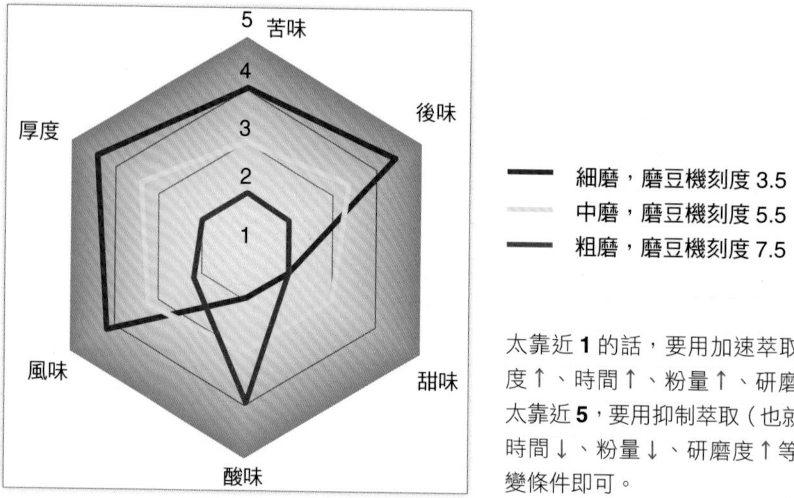

太靠近 **1** 的話，要用加速萃取（也就是溫度↑、時間↑、粉量↑、研磨度↓等）；太靠近 **5**，要用抑制萃取（也就是溫度↓、時間↓、粉量↓、研磨度↑等）。逐一改變條件即可。

改變萃取條件後的風味變化

☑ **風味**

整體的風味都表現出來了。3.5（細磨）稍微尖銳。

☑ **苦味・酸味**

與苦味達成最佳平衡的是 5.5（中磨），7.5（粗磨）稍微偏強，3.5（細磨）的苦味強，酸味弱。

☑ **厚度・醇度／後味**

兩者皆是 3.5（細磨）的感覺最明顯。

☑ **甜味**

酸味、苦味最平衡的是 5.5（中磨）時，能夠感覺類似焦糖的味道，喝起來有強烈甜味。

根據前述（1）～（4）的重點，整理出研磨度對於咖啡味道的影響，就是〈圖表19～21〉。

研磨度愈細，咖啡粉的表面積愈大，溶有咖啡成份的油層較容易直接接觸到熱水，因此粉表面的大量成份比中心部份更快被萃取出來。尤其是苦味成份明顯增加，所以不僅是咖啡整體的濃度變濃，味道的平衡也會偏苦。

六大要素之中，最能夠有效切換苦味與酸味平衡的是ⓐ烘焙度、ⓑ研磨度和ⓓ熱水溫度。當然，如果在烘焙度的階段本來就缺乏苦味和酸味成份，不管研磨度和溫度如何改變，也無濟於事。但是同樣的咖啡豆如果要靠萃取調整味道平衡的話，就必須懂得控制研磨度。

ⓒ 粉量

一般是如何測量咖啡的粉量呢？濾杯通常會附上與之成套的量匙，不過量匙沒有統一的標準，不同製造商的量匙大小也不同；當中有的量匙內側有劃線，也有的量匙是

｜圖表 22｜ 咖啡粉量與萃取量

類型 / 烘焙度	三洋產業 Three For 濾杯	Hario V60 濾杯	Kalita 波浪濾杯	Melitta 濾杯
咖啡粉量	24g	24g	24g	16g
萃取量	300㎖	240㎖	300㎖	250㎖

c | 粉量與味道變化

基本萃取條件

● 咖啡粉 ▸▸▸ 巴哈綜合咖啡豆
(a) 烘焙度………略深的中深焙
(b) 粉的研磨度…中磨
(d) 熱水溫度……83℃
(e) 萃取時間……3 分 30 秒
(f) 萃取量………300 毫升

在不同條件下進行杯測，並且分為五等級進行評分。

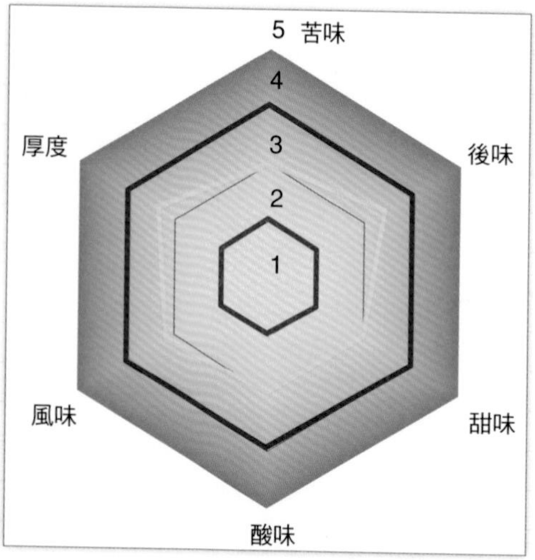

粉量 A：18 公克（少）
粉量 B：22 公克
粉量 C：26 公克（多）

太靠近 **1** 的話，建議加速萃取（也就是溫度↑、時間↑、粉量↑、研磨度↓等）；太靠近 **5** 的話，建議抑制萃取（也就是溫度↓、時間↓、粉量↓、研磨度↑等）。逐一改變條件即可。

改變萃取條件後的風味變化

☑ **風味／厚度．醇度**

增加粉量（26 公克）的話，各方面表現都略為偏強，不過沒有過份尖銳；強烈、但沒有不好的味道。

☑ **整體**

所有的味道平均，達成良好的平衡。粉量與技術無關，有明確的測量方式，因此較容易控制。

以公克數標示。基本上量匙一匙的粉量多半就是一人份。建議使用和濾杯成套的量匙，按照製造商建議的萃取方法，從決定基本粉量這一步開始。

量匙是測量粉量的工具，如果你以為一匙咖啡豆和一匙咖啡粉重量相同，那可就錯了。想像以同樣的量匙舀起咖啡豆的畫面就能明白，咖啡豆的顆粒之間有空隙，所以用同樣的量匙舀出的咖啡粉會比咖啡豆重。

一般來說一杯咖啡通常使用約十公克的咖啡粉，也就是說一公克的微小差異相當於十％、兩公克的差異就是二十％的咖啡粉量，對味道也會產生很大的影響。因此想要嚴格控制味道時，每一公克都必須斤斤計較。

另外，不同烘焙度的咖啡體積也會改變。淺焙的密度高，體積小，量匙一平匙的粉量較重；烘焙度較深的密度愈低，體積愈大，因此一平匙的粉量較輕。由此可知不能太過依賴量匙，必須用秤檢查重量。

各濾杯和萃取工具適合的咖啡粉量不同。這裡先介紹第三章提到的萃取工具之中，幾個與濾紙濾杯手沖有關的工具製造商建議水粉比例。

d 熱水溫度

萃取時的熱水溫度會帶給咖啡味道決定性的影響。想要準確測量熱水溫度，當然要使用溫度計。在這個前提之下，讓手沖壺內的熱水整體溫度均一也是一大重點。

把剛煮沸的熱水倒入手沖壺時，溫度計放入壺底，無法測量出正確的水溫；因為溫度計碰到壺底，量到的或許是壺底的溫度。把溫度計放入手沖壺裡，熱水因為對流而上升，所以壺裡上半部的溫度較高，下半部較低。因此在放入溫度計的同時，也要用長柄杓或其他的工具確實地攪拌熱水，讓壺中的熱水上下混合、整體溫度均勻之後，再測量手沖壺中央的水溫。

熱水溫度與味道關係，有以下兩大基本法則：

（1）溫度愈高，成份的萃取量愈多。

（2）溫度高容易出現苦味，溫度低酸味明顯。

首先從（1）看起。「溫度愈高，成份的萃取量愈多」，因此歐美地區習慣以高溫盡可能有效率地引出咖啡的味道成份，「低溫、長時間萃取」是日本獨有的做法。

另外，（2）的苦味與酸味平衡也深受熱水溫度的影響。熱水溫度高，成份的萃取量增加，因此比例上來說也較容易引出苦味和澀味，經常導致這些成份出現過多。相反地，熱水溫度過低，苦味受到抑制，酸味明顯，苦味與酸味就不易取得平衡。各位一定要先觀察咖啡豆的狀態，調整出能夠使味道均衡的溫度。

巴哈咖啡館使用的是與三洋產業共同開發的 Three For 濾杯，因此八十二～八十三℃是任何烘焙度都能對應的基本溫度。不過，能順利引出味道的溫度，也要看是使用哪種萃取工具、使用何種烘焙度的咖啡豆。

事實上巴哈咖啡館在開始自家烘焙之初，也就是四十多年前時，使用的是平均八十七~八十八℃的熱水萃取。後來店裡的烘焙機從直火式改成半熱風式，再進一步改用最新型的機種，烘焙豆的狀態也愈來愈好。換了烘焙機之後，咖啡豆能夠大幅膨脹，即使採用與過去相同的研磨度，實際上更偏細磨，因此成份能夠更有效率地被萃取出來（圖表23）。

只是，這麼一來如果不改變萃取條件的話，就會萃取出太多味道，偏向苦味。因此降低比研磨度更容易控制的萃取溫度，才能夠有效維持苦味與酸味的平衡。另外，烘焙豆的鮮度也會改變萃取溫度。假設今天使用剛烘焙好的咖啡

| 圖表 23 | 浸泡萃取的原理和萃取曲線

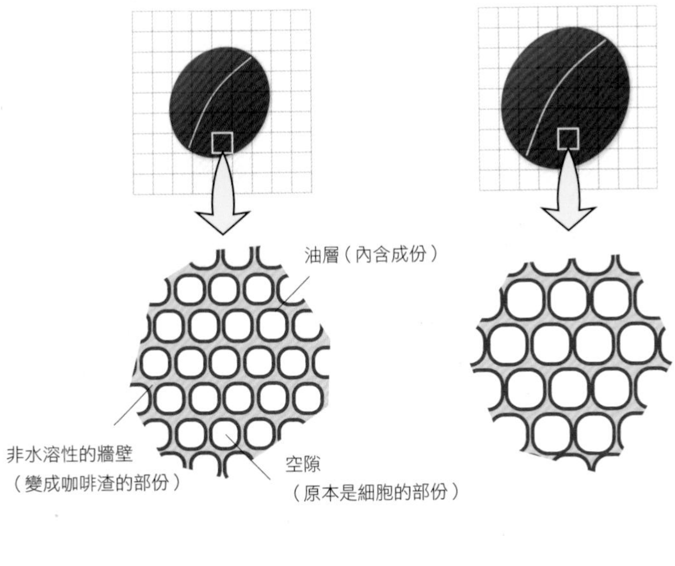

即使研磨度相同，膨脹完整的咖啡豆（右）內部空隙大，粉粒接近細磨狀態，較容易引出成份。

豆，熟豆中會充滿二氧化碳，如果在剛磨好的咖啡粉上倒入超過九十℃的熱水，咖啡粉就會過度膨脹，無法以漂亮的漢堡排形狀悶蒸，而二氧化碳就會變成氣泡噴發出來，造成萃取困難。如果要用剛烘焙好的咖啡豆，必須使用八十℃左右的低溫熱水，以不刺激咖啡粉的方式小心萃取。

相反地，如果是烘焙好、放在常溫保存超過兩個禮拜的咖啡豆，情況又是如何呢？這些已經失去鮮度的烘焙豆，最好要以高溫萃取。這些咖啡豆的二氧化碳已經流失，沒有什麼力量在濾杯裡環抱住熱水，因此萃取速度無論如何都會很快。必須使用九十℃以上的高溫才能夠引出味道與香氣。不過，熱水溫度一高，除了容易引出味道與香氣成份，也容易引出不想引出的討厭雜味。

由此可知，熱水溫度也要配合烘焙度稍作改變。巴哈咖啡館的話，是參考這樣的原則：

☑深焙，用略低溫（七十五～八十一℃）或中溫（八十二～八十三℃）萃取。

☑淺焙，用中溫或略高溫（八十二～八十五℃）萃取。

不同的工具、不同的咖啡豆鮮度與烘焙度，都必須隨之改變熱水的溫度。

| 圖表 24 | 濾紙濾杯手沖的熱水溫度與萃取關係

熱水溫度	熱水溫度
A 86℃以上	溫度過高。出現氣泡、膨脹過度、表面裂開，導致悶蒸不完全。
B 84～85℃（適合淺焙、中焙）	略為偏高。味道強烈，苦味明顯。
C 82～83℃（適合所有烘焙度）	合適的溫度，味道均衡。
D 75～81℃（適合深焙）	略為偏低。苦味被抑制，變成失衡的味道。
E 74℃以下	溫度過低。鮮味無法充分萃取出來，悶蒸也不完全。

※A～E 對應圖表 25 萃取溫度底下的 A～E。

| 圖表 25 | 濾過式工具的味道成份萃取模型　～萃取溫度與味道的關係～

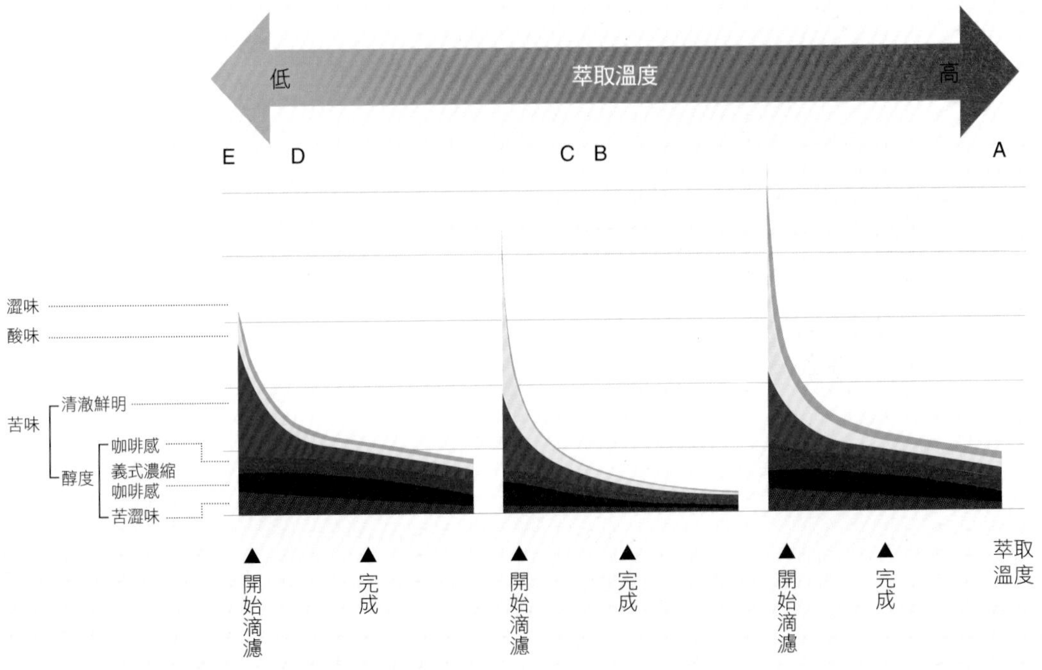

- 整體的成份萃取量偏低。
- 淺焙～中焙類型的苦味不易出現，苦味的平衡改變。

- 充分引出咖啡的苦味，同時也與酸味保持平衡。

- 整體的成份萃取量增加。
- 容易引出淺焙～中焙類型的、有咖啡感的苦味。
- 苦澀味也大幅增加，往往變成苦味過多。
- 使得油脂量的流出也增加。

※ 這是以相同研磨度的咖啡粉進行簡易模擬的結果。

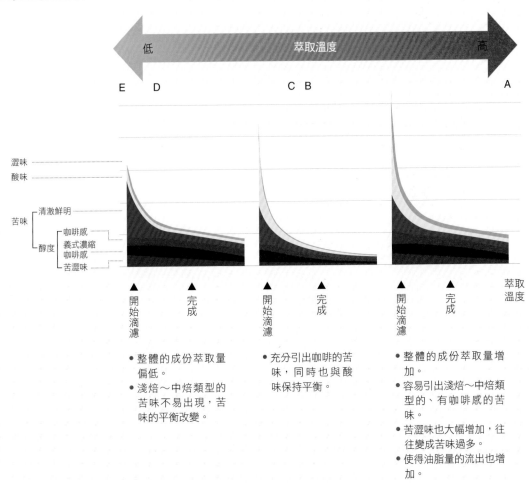

d｜熱水溫度與味道變化

基本的萃條件

● 咖啡粉 ▸▸▸ 巴哈綜合咖啡豆

（a）烘焙度………略深的中深焙

（b）粉的研磨度…中磨

（c）粉量…………二人份 24 公克

（e）萃取時間……3 分 30 秒

（f）萃取量………300 毫升

在不同條件下進行杯測，
並且分為五等級進行評分。

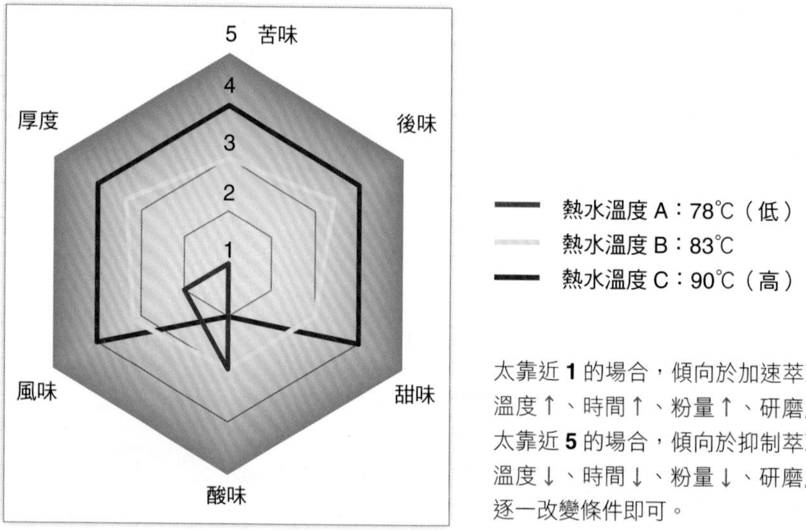

太靠近 **1** 的場合，傾向於加速萃取（也就是溫度↑、時間↑、粉量↑、研磨度↓等）；太靠近 **5** 的場合，傾向於抑制萃取（也就是溫度↓、時間↓、粉量↓、研磨度↑等）。逐一改變條件即可。

改變萃取條件後的風味變化

☑ **厚度・醇度／後味／甜味／苦味**

這些味道在低溫（78℃）時都略顯模糊。無法充分萃取出成份，輪廓不明。厚度・醇度在高溫（90℃）時的印象比 4 略強。

☑ **酸味**

低溫（78℃）時，苦味沒有被充分萃取出來，因此酸味較明顯。

☑ **整體**

自家烘焙等烘焙出極深焙咖啡豆時，採用低溫（78℃）能夠發揮其優點。

e 萃取時間

這裡所說的「萃取時間」，是指以濾紙濾杯手沖滴濾，直到目標萃取量為止花費的所有時間。使用浸泡式工具的話，咖啡粉必須在熱水裡持續浸泡，直到規定時間結束。但使用濾過式工具的話，某個瞬間注入的熱水，只會在通過濾杯滴落至咖啡壺的這段短暫期間接觸到咖啡粉。

因此，濾過式工具也可說是靠「萃取速度」一決勝負。以一定的速度注入熱水，時間愈久、萃取量也會愈多。如果加快注入熱水的速度，萃取速度就會變快，整體的萃取時間縮短；如果減慢注入熱水的速度，萃取時間就會拉長。

但是萃取時間（速度）是決定味道的六大要素之中最難控制的條件。萃取速度的控制，也就是注入熱水的控制：注入熱水的粗細、注水方式……等，主要是受到萃取者的技術與習慣影響，有較多不確定的因素。因此，建議大家要先嫻熟第一章介紹的基本萃取。等到能穩定注入熱水，按照個人想法微調熱水柱的粗細，再來談萃取速度的控制。

另外，咖啡豆的鮮度、烘焙度、咖啡粉的研磨度、粉量和熱水溫度，這些條件改變的話，粉層厚度與膨脹方式也會跟著改變，進而影響萃取速度。在學會好好地控制熱水柱之前，最好先針對這些條件一個不漏地好好練習一番。

此次的基本萃取，總萃取時間設定為三分三十秒，第一次注水悶蒸時間是三十秒，不過，這時的咖啡液還不太會滴落至咖啡壺裡，因此以大致上的平均時間來說，大約是以每分鐘一百毫升的速度進行萃取。

但是，萃取過程中的咖啡粉狀態與熱水流動狀態時時都在改變，速度不是從最初到最後都能保持一致，因此到了後半段，最好要視情況提高萃取速度。

等到你能自在地以手沖壺控制注入的熱水量，直到「悶蒸」結束之前，只要以相同的程序注水即可。另外要記住的是，到第三次注水為止，咖啡必要的成份已經幾乎都被萃取出來了，因此基本上從第四次注水起，要考慮到萃取量，一邊注意萃取時間，一邊調整第四次之後注入的熱水量（熱水柱的粗細與速度）。

第一次注水▼熱水柱2～3公釐粗

第四次注水▼熱水柱4～5公釐粗

利用熱水柱的粗細及繞圈速度進行控制。隨著萃取進入後半階段，必須加快萃取速度。

e | 萃取時間與味道變化

基本萃取條件

● 咖啡粉 ▸▸▸ 巴哈綜合咖啡豆
(a) 烘焙度………略深的中深焙
(b) 粉的研磨度…中磨
(c) 粉量…………二人份 24 公克
(d) 熱水溫度……83℃
(f) 萃取量………300 毫升

【何謂專業的萃取?】
- 粉的濾過層沒有坍塌,萃取出有效的味道成份,沒有浪費。
- 注水就像把熱水輕輕放在咖啡粉的表面,不攪動粉。
- 一邊觀察濾過狀態,一邊調整注入的熱水柱。

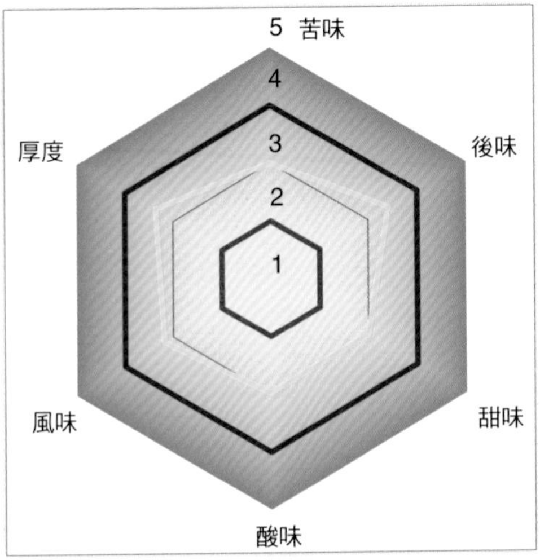

在不同條件下進行杯測,
並且分為五等級進行評分。

萃取時間 A:2 分 40 秒(快)
萃取時間 B:3 分 10 秒
萃取時間 C:4 分 00 秒(慢)

太靠近 **1** 的話,建議加速萃取(也就是溫度↑、時間↑、粉量↑、研磨度↓等);太靠近 **5** 的話,建議抑制萃取(也就是溫度↓、時間↓、粉量↓、研磨度↑等)。逐一改變條件即可。

改變萃取條件後的風味變化

☑ **整體**

30 ~ 40 秒的差異均屬於合理的萃取時間,維持良好平衡,所有味道保持等距,所有味道都在良好的許可範圍內表現出差異。萃取出剛剛好的味道。

- 萃取時間 C(慢)會變成豐富、飽滿溫和的味道。苦澀味、雜味等沒有過量萃取。
- 萃取時間 A(快)會使得苦味偏弱,不過仍在良好風味的範圍內。
- 徒手注入熱水時很難謹慎控制,反言之,能夠確實做到的話,就能做到最細微的味道控制。

f 萃取量

萃取咖啡時，到哪個程度要停止萃取，也就是說該如何設定最佳的萃取量，也是決定味道的一大關鍵。像是法國壓這種浸泡式工具煮出來的咖啡，只要按照規定的份量倒入熱水，之後的萃取量不會產生變化，因此無法改變萃取量；而濾過式工具則可藉由在哪個時候停止注入熱水，達到確實的萃取量控制。

控制的做法是，如果使用有刻度的咖啡壺，要從正側面（平視）確認刻度。有些咖啡壺沒有刻度，不過最近有愈來愈多人使用滴濾秤（咖啡秤）測量萃取液的重量，並且在分毫不差的數字出現時停止萃取。也有咖啡店會在吧檯擺放一整排濾杯及放在秤上的咖啡壺，作為展示。

關於咖啡粉的份量與萃取量，各家濾杯都有建議的標準數字，配合這些基本數字進行杯測，就能夠看出不同。

另外，萃取量造成的味道變化也簡單明瞭，在正確萃取出目標液量的

| 圖表 26 | 濾過式（滴濾法）萃取的味道成份萃取模型

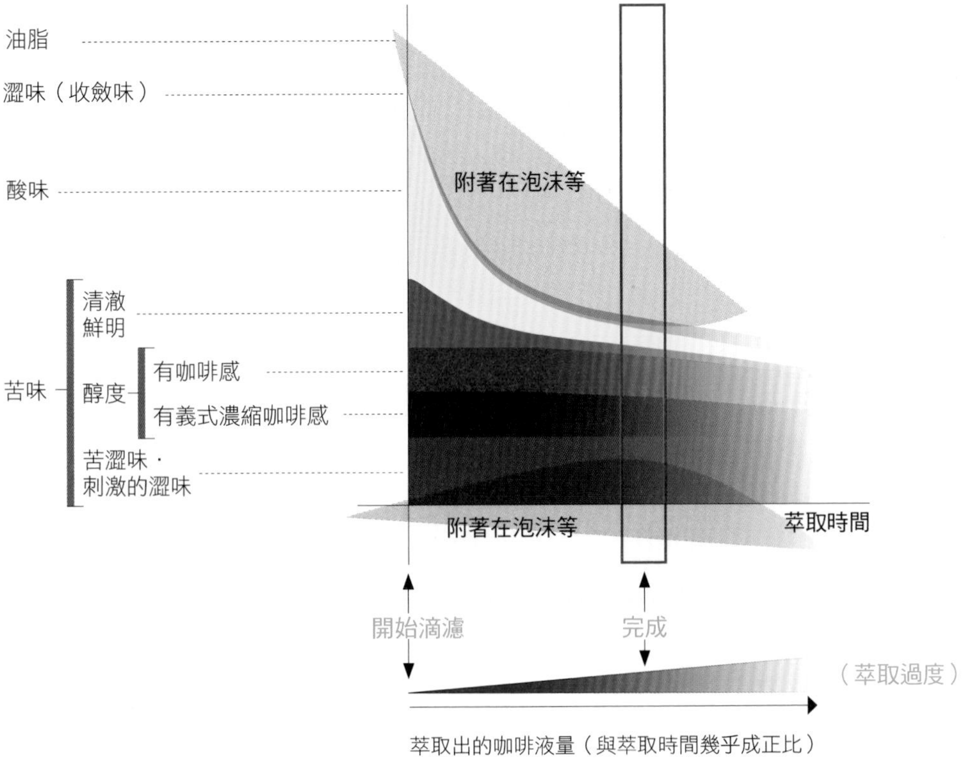

【從圖表看出的事】

- 濾杯滴濾出來的液體，在一開始的濃度最高。
- 容易溶出的成份（酸味、清澈鮮明的苦味等）一開始就出盡，後來在咖啡壺裡逐漸被稀釋。
- 不易溶出的成份（苦澀味、油脂等）直到最後，都會以相對固定的濃度持續溶出。
- 「有咖啡感的苦味（淺焙～中焙）」、「有義式濃縮咖啡感的苦味（中深焙～深焙）」……等，會在萃取期間逐漸出盡，後來在咖啡壺裡逐漸被稀釋。
- 在目標液量萃取結束的階段（完成），各成份的濃度與平衡決定咖啡的味道。
- 多數滴濾法中，不易溶出的成份與部份澀味，會附著在泡沫上被去除，減少苦味或澀味等雜味，但同時也減少了若干醇度與油脂。

f｜萃取量與味道變化

基本萃取條件

● 咖啡粉 ▸▸▸ 巴哈綜合咖啡豆
（a）烘焙度………略深的中深焙
（b）粉的研磨度…中磨
（c）粉量…………二人份 24 公克
（d）熱水溫度……83℃
（e）萃取時間……3 分 30 秒

在不同條件下進行杯測，
並且分為五等級進行評分。

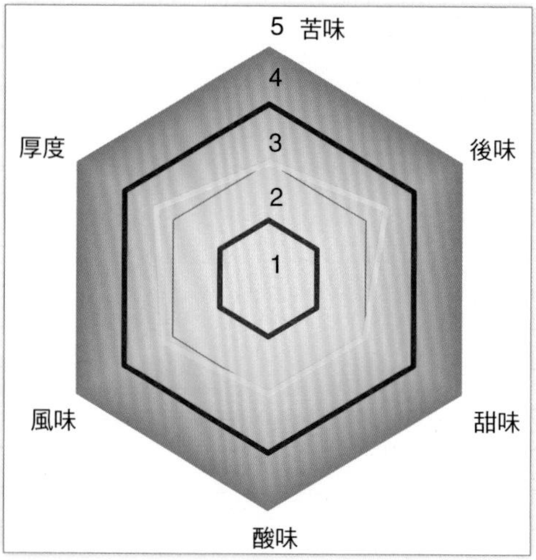

萃取量 A：200 毫升（少）
萃取量 B：300 毫升
萃取量 C：400 毫升（多）

太靠近 **1** 的話，建議加速萃取（也就是溫度↑、時間↑、粉量↑、研磨度↓等）；太靠近 **5** 的話，建議抑制萃取（也就是溫度↓、時間↓、粉量↓、研磨度↑等）。逐一改變條件即可。

改變萃取條件後的風味變化

☑ **酸味**

引出酸味的方法會是關鍵。200 毫升的萃取速度會變快，因此要配合萃取時間緩慢注水。
圖表上無法表示概略的關係，不過實際上 200 毫升的萃取量，苦味（甜味）無法充分萃取出來，會感覺到酸味。

☑ **整體**

熱水量的控制不會因人而異，只要按照設定的熱水量萃取即可，因此容易控制。基本上誤差都在許可範圍之內。酸味的引出方式會是關鍵，熱水量少的時候，熱水柱變細，萃取速度變慢，味道較容易平衡，也就能夠維持平衡狀態同時提高濃度。

關鍵時刻，各成份的濃度平衡決定咖啡的味道；一旦過了那個關鍵點，咖啡壺裡的咖啡液就會被稀釋。

使用利用濾過式工具（滴濾法）萃取的話，萃取量愈多，不易溶出的成份比例也會愈多、也就是雜味會增加。為了避免這種情況發生，我們可在適當範圍內依照個人喜好調整濃度，找尋最佳關鍵點。

測試的方式是不更改其他條件，只增減萃取量，也就是在同樣時間內進行少量萃取或多量萃取。如果是少量萃取，能緩慢引出味道；如果是多量萃取，必須增加注水量，因此萃取時注水的速度要加快。

3

利用六大要素，控制萃取的味道

有關控制味道的萃取「六大要素」，大家是否已經了解它們影響味道的關聯了？懂得利用這些要素，就能夠控制味道；反之，如果這些要素出錯的話，味道也會出錯。

假如你想要成為能隨時重現或引出特定味道的專家，但是當味道出錯了卻沒發覺，或是沒注意到出錯的主因，這些都是致命傷。等到了解六大要素之後，你才能準確地控制味道。

在本章的開頭也提過，粉量、熱水溫度、萃取量……等，數字都是一定的，只要確實測量，就能避免出錯。接著，改用精密度更高的磨豆機，追求研磨度均勻。每個步驟都不偷懶，對於像是產生細粉，這些以往覺得微不足道的小地方也要謹慎注意。

採用濾紙濾杯手沖能否萃取成功，這六大要素就成了悶蒸是否順利的關鍵。儘管六大要素都沒有出錯、卻仍萃取失敗的話，請回到萃取的基本，檢查烘焙豆的鮮度和悶蒸狀態等基礎步驟後，再試試看。

| 圖表 27 | 咖啡的味道與萃取條件

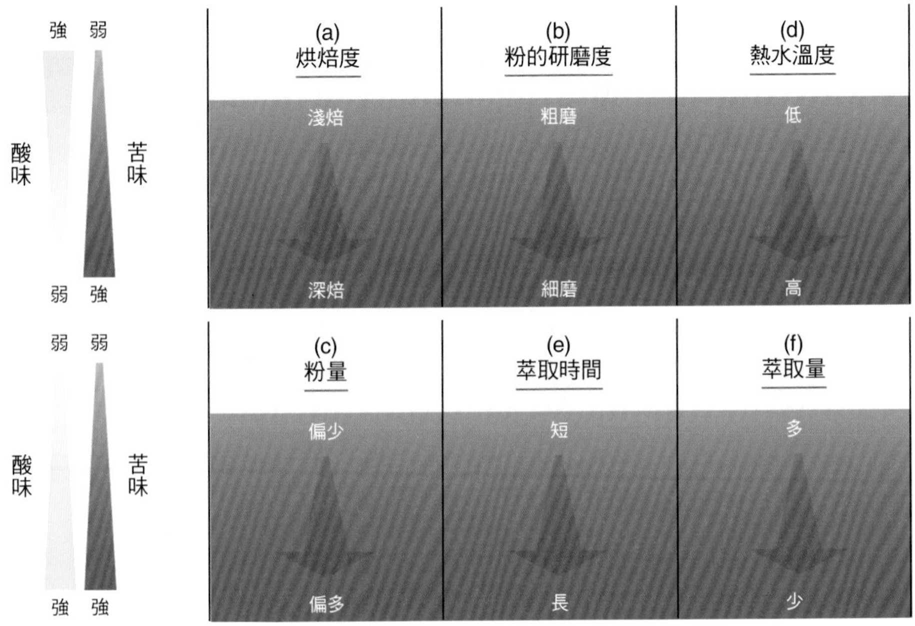

記住六大要素對於風味的影響，並同時調整

六大要素與咖啡的味道大致上具有〈圖表27〉的關係，首先，你得要把這個圖牢記在腦海裡。

咖啡所含的味道，包括酸味、清澈鮮明的苦味、醇厚的苦味、尖銳的苦味、不好的焦味、澀味和甜味等等，有各式各樣的成份，其中最受矚目的就是會大幅影響咖啡味道的酸味和苦味。酸味成份容易溶出，苦味成份不易溶出。

此外，六大要素與酸味、苦味的相關性，可分為〈圖表27〉的上半部與下半部兩個部份。

首先看看上半部的三個要素——烘焙度、粉的研磨度、熱水溫度，這其中哪一項要素較強，苦味就會增強，酸味則會變弱，萃取出來的苦味與酸味關係成反比。為了更進一步引出甜味，必須巧妙利用這些條件，讓苦味與酸味達到恰到好處的平衡。

另一方面，關於下半部的三個要素——粉量、萃取時間、萃取量，這三項條件改變時，變化方向較容易掌握。

只要其中任何一項要素偏強，苦味與酸味也會跟著變強——先記住這個概念即可。

調整六大要素時，記得以這個原則進行，也能比較簡單地預測大致上的味道，當作控制各要素時的指標。以音樂來打比方的話，這過程就類似等化器；為了接近目標味道，必須調整每個頻段，配合某個水準達到某種平衡。

更進一步來說，這幾種味道的濃度感成為「醇度」，成為「厚度」，增加深度。「醇度」產生的主要原因是味道的複雜性與持續性，對於醇度，旦部先生是這麼解釋的。

「剛開始只感覺到一個味道，於是你判定或預測『這東西就是這種味道吧？』沒想到後面又感覺到不同的味道，於是你感到訝異。當這其中包含著複數種成份，而各成份在口中被唾液沖刷，你感覺到的味道也會產生變化。這麼一來，你就會覺得味道很深奧，因此對於這個咖啡產生『醇厚』的認知。我認為應該是這樣。也就是說，『醇度』不單純只是來自於成份的複雜性，也與持續性、感知味道的時間有關。我們也必須想想，大腦對於成份的複雜性具有什麼樣的認知。」

利用六大要素煮出關鍵味道

撰寫本書時，我以各種不同條件進行萃取，並以杯測記錄味道的變化。將各項結果，包含醇度與後味，畫成雷達圖表示，並在旦部先生的協助下進行統計分析，結果得到〈圖表28〉的概略圖。想了解藉由改變萃取條件能夠如何控制味道，這張圖可以當作參考。

大致分類的話，酸味和苦味的平衡與前一頁相同，不過在引出苦味的條件之中，統合整體的醇度與後味等也很豐富。這個苦味、醇度、後味等的強度佔味道印象的六成，另外有兩成是靠酸味的強度決定。也就是說，只要按照這個概略圖萃取的話，整體味道的八成左右應該是可以控制的。

最後剩下的兩成則是〈圖表28〉無法表示的甜味、風味要素；它們與味道整體的強度改變成正比，但很難像其他要素一樣畫成單純的圖示。六大要素之中會受到某些程度影響的條件，是粉的研磨度與熱水溫度。改變研磨度或熱水溫度，使苦味與酸味達到完美平衡時，最能夠感受到甜味。

另一方面，這個杯測沒有記錄澀味、刺激的澀味等負面味道。畢竟本書的前提是在「好咖啡」這個好球帶的範圍以內控制味道；利用在好球帶進行微調，看是要瞄準正中央，或者是瞄準臨界點製造驚喜。

此外，在進行味道控制時必須格外小心決定大半味道的烘焙度。別忘了根據左頁的圖表，確實掌握不同烘焙度的基本萃取所帶來的不同味道。想要以什麼樣的平衡、引出哪一種味道？希望各位記住六大要素的法則，並確認其中的增減變化。

｜圖表 28｜味道的控制：概略想像圖

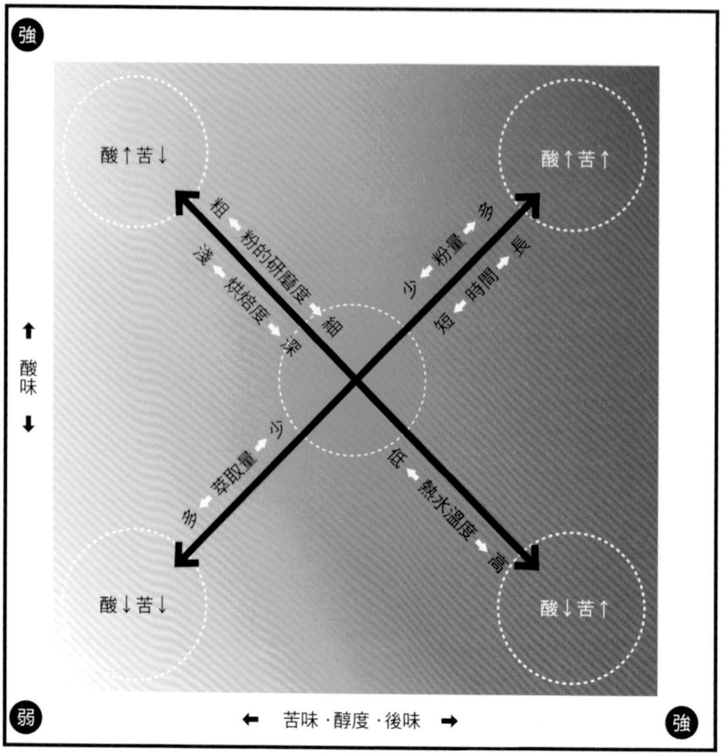

| 圖表 29 | 不同烘焙度咖啡豆的萃取與味道關係

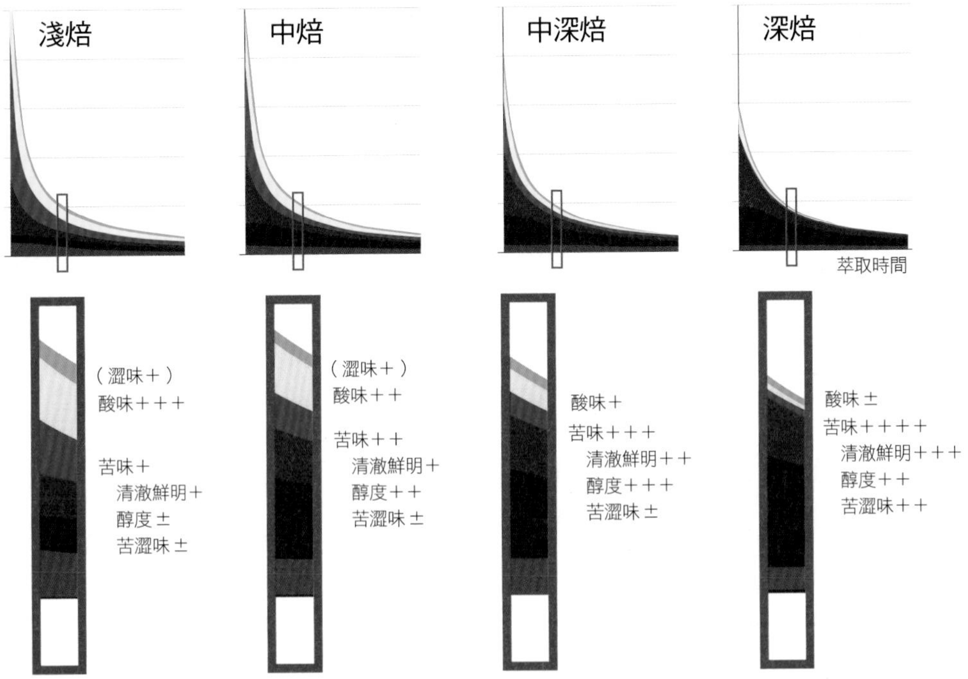

淺焙
- 清爽的酸味。
- 苦味清爽且不明顯
- 形成泡沫的成份偏少，油水分離，在液體表面形成油滴。

中焙
- 豐富的酸味與咖啡應有的溫和苦味相互調和。

中深焙
- 豐富醇度產生複雜的苦味，與隱約的酸味相互調和。

深焙
- 義式濃縮咖啡般明顯強烈的苦味。
- 酸味很弱。
- 形成泡沫的成份多，油脂乳化，容易與咖啡液融合。

【從圖表看出的事】

- 不同的烘焙度，在某些程度上決定了萃取時的味道平衡。
- 淺焙會比深焙萃取出更多酸味；深焙會比淺焙萃取出更多苦味與醇度。
- 酸味與苦味平衡的中焙、中深焙，最能夠明顯感受到甜味。

※圖表是以同樣的粉量及研磨度進行簡易模擬得到的結果。

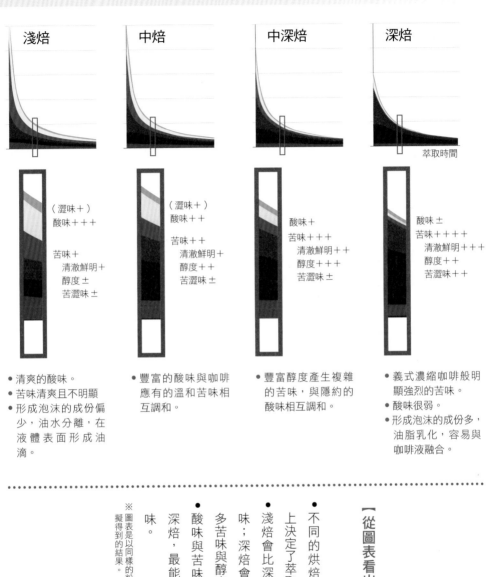

第三章

六大手沖用具的萃取實作

利用各種用具的特性，進行風味微調

萃取的工具有各式各樣的原理、形式，
這一章會以自由控制度最高的濾紙濾杯手沖為主，
探討各種工具的特色，思考如何在萃取時發揮各項工具的優勢。
基本上，在認識這六大手沖工具的特性之後，
按照上一章介紹的六大要素進行味道控制、微調的話，
就有很高的機率成功萃取出自己喜歡的味道。

1 萃取工具的差異

前面的內容以濾紙濾杯手沖的萃取為例，說明味道控制的法則，同時也已經說明了萃取的理論。接下來，就以最常見的幾種濾杯手沖工具，運用前文所學到的原理進行實作。

我們先一一來看各種萃取工具分別有什麼樣的特徵，並利用各式濾杯的特性，按照製造業者建議的條件進行基本萃取時，會產生什麼樣的味道組合。

現在咖啡業界再次注意到濾紙濾杯手沖的優點，「法蘭絨濾布和濾紙濾杯手沖，哪一種比較好？」的老派爭論已經是過去式了。各種萃取工具與濾杯都有不同的個性，現在已經來到應該研究如何發揮各項工具的特色上。

第一章簡單地提到，萃取工具分為浸泡式與濾過式兩種。我們再複習一遍：浸泡式，就是將咖啡浸泡在熱水（冷水）裡；濾過式，就是讓咖啡粉形成層次，讓熱水（冷水）通過。兩者的共同點，都是咖啡粉的成份在浸泡期間／濾過期間，移動至熱水（冷水）裡，變成咖啡。

虹吸壺、法國壓和土耳其咖啡壺等工具，類似浸泡式；濾杯和濃縮咖啡機等，類似濾過式。話雖如此，有很多工具是兼具兩者的要素，因此無法明確地用二分法劃分。

活用濾杯的特性，控制想要的風味

在濾紙濾杯手沖的操作上，並非因為濾杯工具是滴濾式萃取，就代表全都屬於濾過式工具。〈圖表30〉列舉的內容只是其中一個例子，光看濾紙濾杯也有各式各樣的形式。

各類濾杯的孔洞數多寡、孔洞大小和溝槽高度等等構造差異，再加上與該濾杯配套使用的濾紙纖維密度和厚度等等，都會大大影響到注入的熱水流進咖啡壺的時間，這就是濾杯的特性。

在第二章我們探討過決定味道的法則之中有六大要素，其中一項就是「萃取時間」。也就是說，如果濾杯不同的話，六大要素其中一項條件——萃取速度，就會大幅改變。

想要控制萃取的味道，必須在了解各濾杯特性的前提之下才能成立。

濾紙濾杯誕生於一九〇八年，由住在德國德勒斯登的美利塔．班茲（Melitta Bentz）所發明。當時民眾普遍使用布和鐵絲網萃取咖啡，美利塔在想有沒有更簡單的方法。她想出來的 Melitta 濾杯是單孔式，只要注入一次熱水，步驟很簡單，人人都能夠萃取出品質穩定的咖啡。

經過了一百多年後的現在，市面上有各式各樣的濾杯。以形狀大致區分的話，巴哈咖啡館使用的 Three For，還有 Kalita 和 Melitta 等，屬於「扇形濾杯」；Hario、KONO，以及濾杯咖啡壺相連的 CHEMEX 等，則是錐形濾杯。從濾杯側面看過去，就能看出它們的外型特徵。另外，孔數是以 Kalita 的三孔濾杯最有名，不過近年來 Kalita 波浪濾杯問世後，孔洞不再是橫向排成一列，而是在加寬的杯底排成三角形；與其搭配的濾紙也是折成波浪形，方便空氣通過，能加速

圖表 30 萃取工具與流出速度

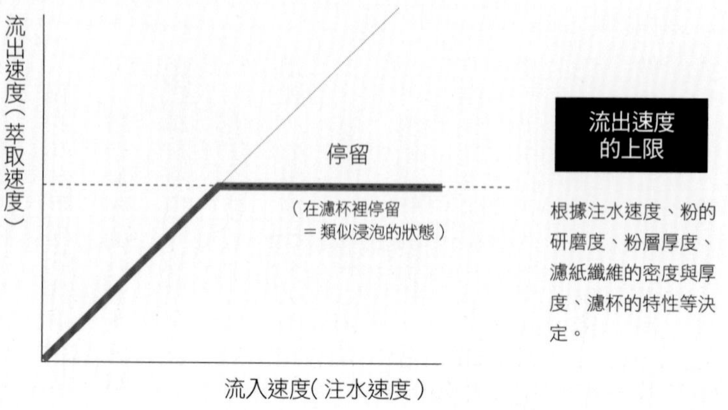

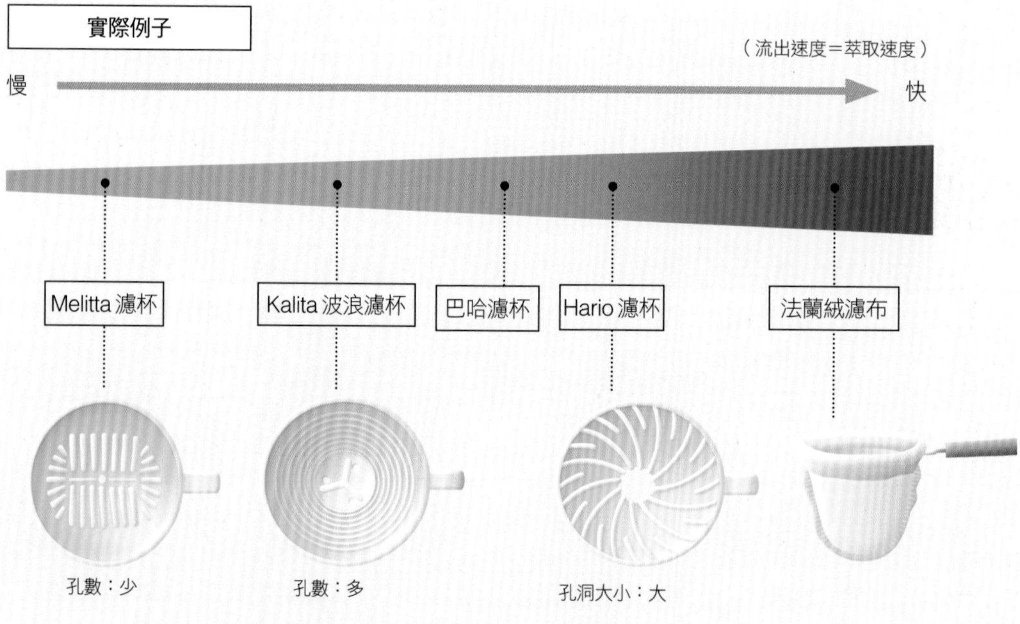

拿起一個濾杯看看，孔數、孔洞大小和溝槽高度，都會影響咖啡液流出的速度。再加上粉的粗細和濾紙纖維的密度等等，就會變得更加複雜。

萃取。在這兩種濾杯中間，還有雙孔濾杯（三洋產業）。每款濾杯都有各自的萃取優點。

濾杯的不同也展現在溝槽上。溝槽是指濾杯上的凹凸，作用是確保空氣流通順暢，避免濾紙緊貼著濾杯，相當的重要。溝槽的形狀也會深刻影響到濾杯的功能。

單孔濾杯也出現愈來愈多大孔洞的產品。一九七〇年代發明的 KONO 圓錐濾杯、Hario V60 濾杯和三洋產業的花瓣濾杯等，都是以濾紙濾杯做到類似法蘭絨濾布的效果。

關於這點，旦部先生分析：「把濾杯的角度變陡，溝槽提高，確保空氣通道暢通，讓注入的熱水盡快通過厚粉層。杯底的大孔設計也是為了讓萃取液順利滴落。這些設計都是為了模仿法蘭絨濾布的效果。」

注水方式，浸泡式和濾過式大不同！

萃取時使用的工具，是浸泡式或濾過式？若是兼具兩者的話，比較接近哪一型？需要注入幾次熱水？使用這種濾杯萃取時會引出什麼樣的味道？——這裡針對以上這些常見的問題進行簡單的模擬，並大略整理成〈圖表31〉。不同製造業者對於自家濾杯的注水次數與注水方式等有不同的規定，由於濾杯具有開發者所刻意打造的特性，建議使用前先參考說明書，才能充分發揮濾杯的特性。希望各位從這個步驟開始做起，等到熟悉工具的特性之後，再試著找出能發揮最大效果的萃取方式。只要嫻熟第二章的萃取法則，使用任何萃取工具控制味道，都能得心應手。

| 圖表 31-1 | 萃取工具與味道的關係

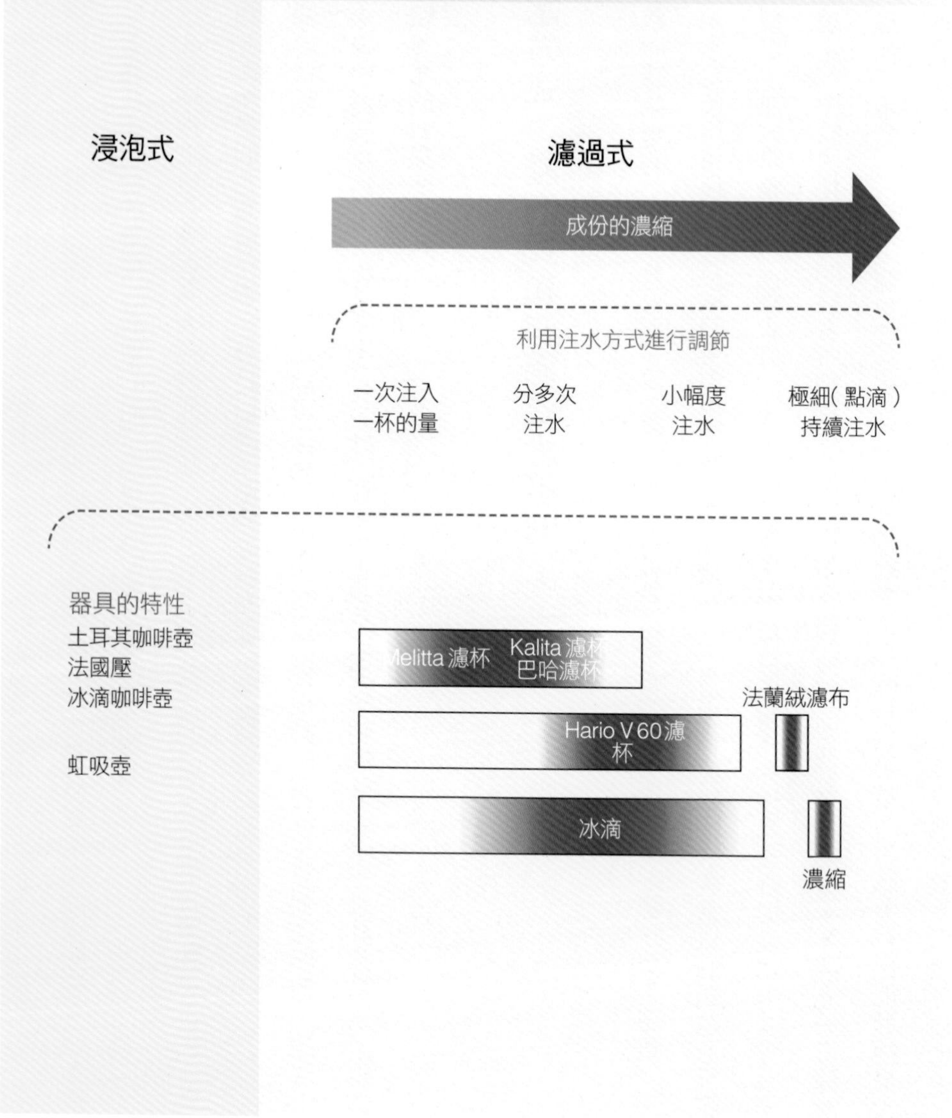

| 圖表 31-2 | 萃取工具與味道的關係

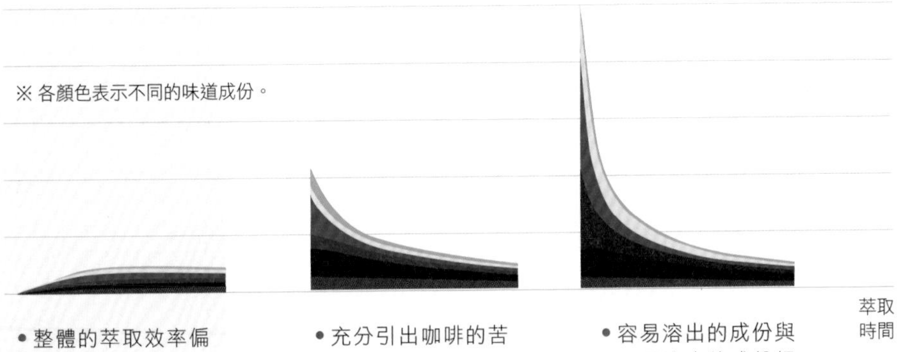

- 整體的萃取效率偏低。
- 容易溶出的成份一如預期溶出。
- 味道的平衡傾向於強調酸味或清澈鮮明的苦味。
- 較不易失敗。

- 充分引出咖啡的苦味，同時也與酸味等其他風味保持平衡。
- 各方面的味道都完全釋出，因此一旦失去平衡，味道就會出現很大的誤差。

- 容易溶出的成份與不易溶出的成份相對來說增加較少，介於兩者之間的成份變濃。
- 味道的平衡傾向於強調咖啡般、義式濃縮咖啡般的苦味。
- 誤差相對較少。

※ 無法將各種萃取工具明確區分為「濾過式」或「浸泡式」。每種工具「會產生哪種味道」只能當作參考。

※ 這是使用同樣的粉量與研磨度時的簡單模擬結果。虹吸壺的咖啡風味多少會受到熱水通過粉層時的濾過效果影響。

2 不同工具的萃取

在這一節會介紹各種萃取工具的特色，同時也探討各工具實際萃取時的味道。以下會使用到這些手沖的工具：

- 濾紙濾杯手沖
  - ——單孔（大）、錐形、濾過式 ▼ Hario V60 濾杯
  - ——三孔、扇形、濾過式 ▼ Kalita 波浪濾杯
  - ——單孔（小）、類似浸泡的濾過式 ▼ Melitta 濾杯
- 其他
  - ——濾過式 ▼ 法蘭絨濾布
  - ——濾過式 ▼ 金屬濾網濾杯
  - ——浸泡式 ▼ 法國壓（法式濾壓壺）

我們採訪各項手沖工具的製造業者，詢問關於濾杯的構造、該構造對於味道的影響，以及開發目的等等。另外也拍攝實際萃取的過程，介紹使用步驟。

這裡介紹的萃取工具，除了完全屬於浸泡式的法國壓之外，基本上全都屬於濾過式，也就是咖啡粉的成份會在熱水通過咖啡粉層，從濾杯滴落變成咖啡液的過程中，轉移到熱水裡。

不同廠牌的濾杯形狀和孔數不同、孔洞大小不同，構造上也多少有差異。不過根據第二章的六大要素思考的話，無論是濾紙濾杯、法蘭絨濾布或金屬濾網濾杯，濾杯所能帶來的最大影響，就是萃取時間（速度）這項變因。

萃取速度是根據濾杯的形狀、濾紙織法、密度及表面形狀、法蘭絨濾布的材質、金屬濾網濾杯的網目粗細等而有所不同。

假設統一其他要素的條件，採用與巴哈咖啡館基本萃取完全相同的烘焙度、粉的研磨度、粉量、熱水溫度、萃取量，並以同樣的注水方式手沖，只要確認萃取的時間差異，再對萃取出來的咖啡進行杯測的話，就能夠清楚看出萃取速度所造成的味道差別。只要統一條件即可，萃取過程並不難，希望各位務必試試看。

我也多次提過，咖啡味道的組成很複雜，味道的好球帶範圍不是只有一個針尖大，好球帶是一個範圍；至於應該投進該範圍的何處，也是萃取時的一大重點。

只不過在這裡我們是以各濾杯的設計宗旨為優先，根據各製造業者建議的基本條件為標準，進行各濾杯的萃取。

在這樣的前提下，套用第二章的六大要素進行杯測，並以雷達圖顯示結果，就能夠清楚看出各濾杯的特性。

當作雷達圖基準線的是巴哈咖啡館基本萃取的咖啡。這個基準線是巴哈咖啡館使用Three For（三洋產業）濾杯萃取的結果，無法單純作為其他要素的比較，希望大家姑且當個參考標準即可。

這些不同廠牌的濾杯，有許多的業者的建議條件與巴哈咖啡館基本萃取不同，主要原因之一就是市面上多數的咖啡豆並非全都是條件一致的現焙咖啡豆。尤其是業者建議的熱水溫度偏高這一點，主要就是考量到希望任何狀態的咖啡豆萃取液都能達到某些程度的美味。

精品咖啡受到矚目之後，不僅是精品咖啡，生豆和熟豆整體的品質也隨著提昇，咖啡豆的大小也更加一致，一般市面上就能買到狀態很好的咖啡豆。儘管如此，要買到「現焙豆」還是不太容易。所以，濾杯的開發著重於可以不用太在乎烘焙度和咖啡豆鮮度，簡單就能夠萃取出好喝咖啡；將濾杯的好球帶範圍設定得較大，用來彌補烘焙度與咖啡豆鮮度等等風味要素的影響。

另外，本書雖然是以濾紙濾杯的手沖萃取為主題，不過我們也針對濾過式工具之中、可說是濾紙濾杯前身的法蘭絨濾布，以及逐漸受到矚目的金屬濾網濾杯，進行萃取杯測。

至於法國壓，雖然是讓咖啡粉浸泡在熱水裡再萃取的完全浸泡式萃取工具，不過浸泡式萃取也可能利用六大要素控制味道，因此在此也一併介紹。

關於這些萃取工具的討論，目的不是在於評斷這些工具的好壞，而是希望各位能夠理解這些工具的設計理念，深入了解其特徵與特性，進而找到引出目標味道的關鍵。

你過去沒有多想就買下的萃取工具，是否仍在沉睡呢？現在就拿出來、利用它們的特性按照六大要素挑戰萃取看看，應該會享受到不一樣的滋味。

對於這些前提有了概念之後，接下來就是一一介紹各種濾杯的構造及萃取。

【萃取條件說明】

分別依照巴哈咖啡館的萃取方式，以及各工具的製造商所建議的萃取條件，兩者進行杯測。（濾杯業者沒有提供建議萃取條件時，均使用巴哈綜合咖啡豆基本萃取的條件設定）。

a 濾紙濾杯手沖

錐形／單孔／Hario V60 濾杯

這種單孔的錐形濾杯特徵是孔洞較大，圓錐形的濾紙尖端會從濾杯孔下方突出。此類型包括 Hario V60 濾杯、三洋產業的花瓣濾杯、KONO 的濾杯等。錐形、單孔設計的用意是要加深咖啡的濾過層，在濾紙濾杯中採納法蘭絨濾布的優點。雖然同樣是錐形且有單一大孔，不過 V60 濾杯內側有螺旋狀的長溝槽，花瓣濾杯從上方看來則是有花朵一般的溝槽，兩者的濾紙與濾杯接觸面積都很少，容易控制滲透速度。只要加快熱水注入的速度，就能夠加快咖啡液萃取的速度；只要緩慢平靜地注入熱水，就能夠慢速萃取。

另一方面，KONO 濾杯是為專業人士設計的濾杯，濾杯內側只有下半部有溝槽，上半部沒有，使上半部的濾紙能夠貼緊濾杯。這樣設計的目的是為了避免咖啡萃取液滲出。這款濾杯的萃取方法也與其他濾杯不同，有獨特的手沖方式，必須使用點滴注入熱水，慢速萃取，吸附雜質和細粉的泡沫會集中在上半部，想要的成份則會落在下半部。進入萃取後半段時，加快注水速度的同時，注水的動作必須放輕，避免攪動到粉層的上半部與下半部。

在這些濾杯之中，我們以 Hario V60 濾杯做為示範，看看實際萃取之後的杯測結果。

花瓣濾杯（三洋產業）是錐形單孔設計。溝槽形狀獨特，從上方看來是花的形狀。花瓣形狀的設計是模仿法蘭絨濾布的構造，避免壓制新鮮咖啡的膨脹度。

Hario V60 濾杯的構造

Hario V60 濾杯是錐形單孔設計，圓錐形的濾紙會從下方的大孔突出。從濾杯上方看下去，可看到弧度和緩的螺旋狀弧形溝槽，溝槽的弧線從濾杯上半部延伸到孔洞處。此款的正式名稱是「V60 滴濾式濾杯」，稱為「螺旋溝槽」的結構能夠讓熱水順利滲透咖啡粉，實現自由控制萃取速度的目的。

萃取方法與前面介紹的基本萃取相同。第一次注水之後悶蒸，接著在濾杯的熱水滴完之前進行第二次注水、第三次注水，直到到達目標萃取量為止。

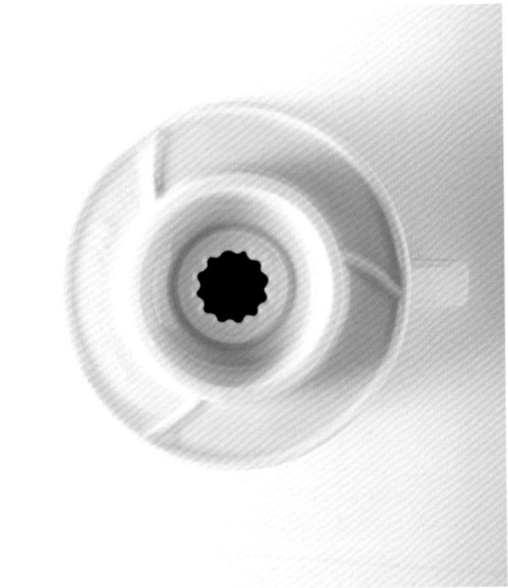

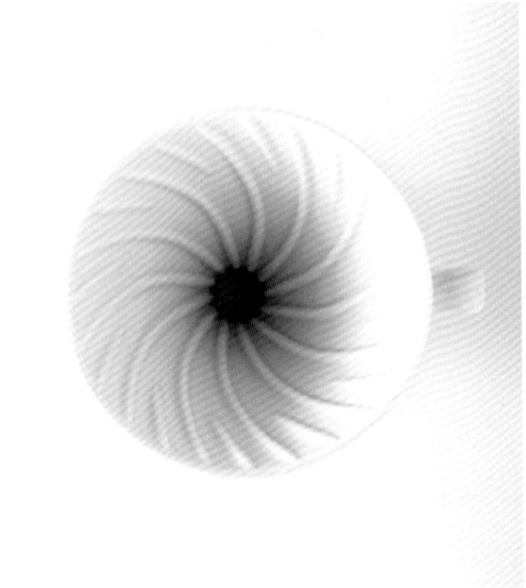

使用 Hario V60 濾杯萃取

1 第一次注水

2 悶蒸

3 第二次注水

4 第二次注水結束

5 第三次注水

6 第四次注水結束

Hario V60 濾杯的萃取杯測

萃取條件

● 咖啡粉 ▸▸▸ 巴哈綜合咖啡豆
(a) 烘焙度…………略深的中深焙
(b) 粉的研磨度……中磨（5.5）
(c) 粉量……………二人份 24 公克
(f) 萃取量…………300 毫升

與巴哈咖啡館基本萃取不同的條件
(d) 熱水溫度……93℃
(e) 萃取時間……2 分 45 秒（在第四次注水時結束）

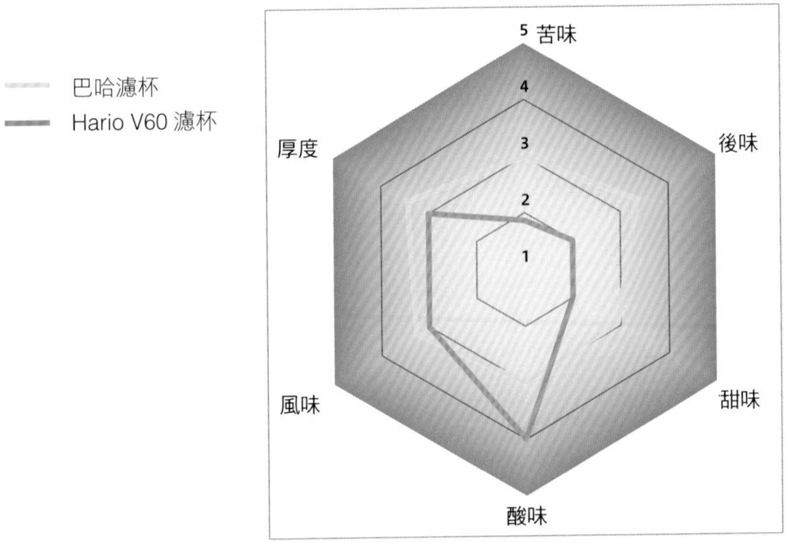

萃取時的風味筆記

☑ **後味／甜味／苦味**

熱水落下的速度比巴哈咖啡館使用的 Three For 濾杯更快，因此萃取出來的咖啡很清爽。

☑ **風味／厚度**

風味、厚度同樣有恰到好處的豐富。

☑ **酸味**

酸味比較明顯。

☑ **整體**

熱水滲透順暢，且能夠應付多種烘焙度。整體印象來說，風味、酸味會先出現。萃取時間短，所以只萃取出好喝的味道。或許是因為粉量用得較多，溫度稍微下降之後，後半段才會出現的苦味等也萃取出來了，也能感覺到後味和甜味。

a 濾紙濾杯手沖

扇形／三孔／Kalita 波浪濾杯

Kalita 過去是以三孔並列的濾杯而聞名。現在最廣為人知的則是濾杯底面積增加一・四五倍、孔洞排列成三角形的「波浪濾杯」。

從名稱叫「波浪」也可知道，這款濾杯專用的濾紙十分有特色。其他濾杯的濾紙在套上濾杯之前幾乎都是扁平狀，使用時才摺成立體狀。相反地，波浪濾杯專用的大圓形濾紙上，卻有二十道立體摺子，因此在萃取之前不需要摺濾紙，直接套入濾杯使用即可。

這樣設計的用意是為了加快萃取速度，沖煮出清爽的咖啡。濾紙既有的二十個摺子打造出排氣通道，讓熱水能以離心狀均勻擴散滲透。因此熱水落下的速度快，萃取出來的咖啡雜味少。

採用此款設計是因為愈來愈多人喜歡單品咖啡豆、淺焙豆，而不是綜合豆，熱水快速落下，才更能夠引出這類咖啡豆的優點，實際突顯出各類咖啡豆的特色，以及淺焙和深焙咖啡豆的差異。

另一方面，此款濾杯相對來說較不需要仰賴技術，也適合一般家庭使用。在一般咖啡*的家庭消費量日漸擴大的現在，對於不習慣手沖咖啡的人來說，使用這種濾杯就能做到既穩定又有效率的萃取，享受咖啡的風味。

Kalita HA102濾杯。「HASAMI」是長崎縣波佐見燒（陶窯）製作的陶瓷器系列。三孔式構造讓萃取時的雜味出現之前只引出美味。舊有的三孔並列濾杯仍然存在。

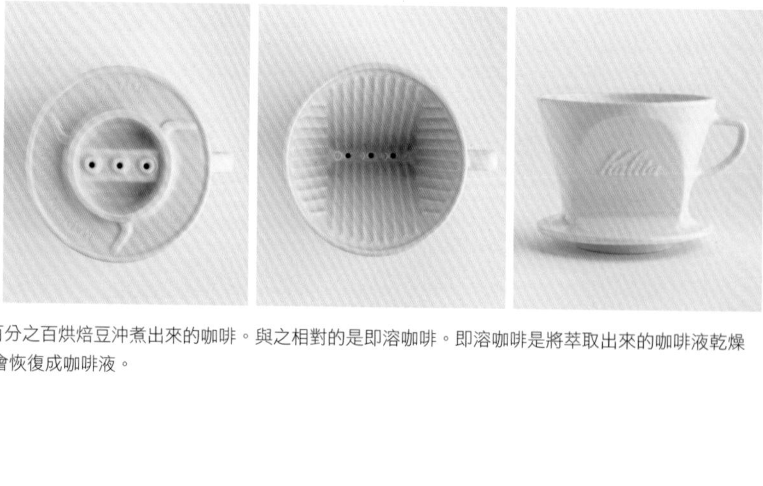

*注：一般咖啡是指用百分之百烘焙豆沖煮出來的咖啡。與之相對的是即溶咖啡。即溶咖啡是將萃取出來的咖啡液乾燥製成的產物，加水就會恢復成咖啡液。

Kalita 波浪濾杯的構造

Kalita 波浪濾杯是扇形三孔，波浪狀濾紙的二十個摺子打造出讓空氣順利排出的通道，使注入的熱水能有效率地擴散成圓形、被萃取出來。此款濾杯必須使用專用的波浪構造濾紙才能發揮作用。濾杯底部有三個孔洞及三道突起，避免濾紙緊貼著底部。

萃取方法與前文提過的基本萃取相同。第一次注水之後悶蒸，接著在濾杯的熱水滴完之前進行第二次注水、第三次注水，直到到達目標萃取量為止。

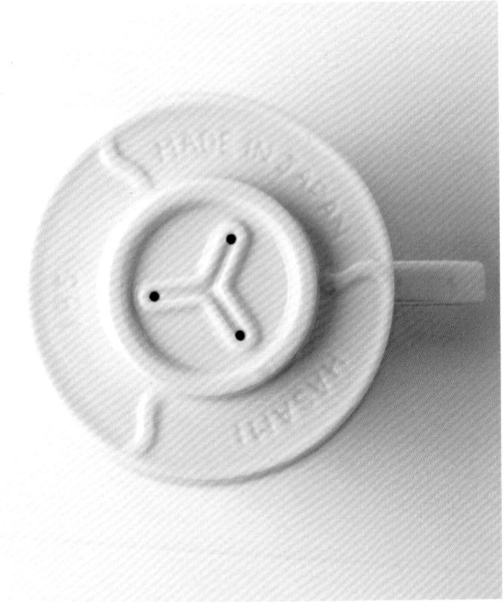

Kalita 波浪濾杯萃取

1 第一次注水

2 悶蒸

3 第二次注水

4 第二次注水結束

5 第三次注水

6 第四次注水結束

Kalita 波浪濾杯的萃取杯測

萃取條件

● 咖啡粉 ▸▸▸ 巴哈綜合咖啡豆
(a) 烘焙度…………略深的中深焙
(b) 粉的研磨度……中磨（5.5）
(c) 粉量……………二人份 24 公克
(f) 萃取量…………300 毫升

與巴哈咖啡館基本萃取不同的條件
(d) 熱水溫度……92℃
(e) 萃取時間……2 分 59 秒（在第四次注水時結束）

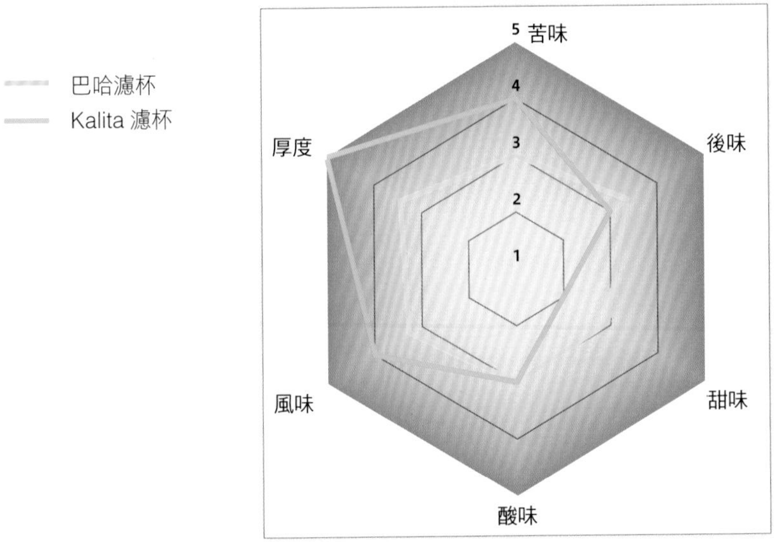

萃取時的風味筆記

☑ **風味／厚度・醇度**
兩者都被完全地萃取出來。味道豐富。

☑ **甜味**
感覺不太到。

☑ **酸味**
酸味恰到好處。

☑ **整體**
萃取速度快，因此無須擔心堵塞，萃取時也不太會受到咖啡豆狀態的影響。不過熱水溫度高，因此感覺不太到甜味。烘焙度使得味道容易控制，因此可依照個人喜好調整，想要有酸味就用中焙豆，想要有苦味就用深焙豆。

a

濾紙濾杯手沖

扇形／單孔／Melitta 濾杯

世界上最早出現的濾紙濾杯，是在二十世紀初由德國主婦美利塔・班茲所發明。當時德國的家家戶戶，一般是使用容易堵塞的咖啡滲濾壺、難以清理的法蘭絨濾布、容易混入細粉的摩卡壺的原型等等工具。對於這些工具感到不滿的美利塔夫人，想到用釘子在黃銅壺底打幾個洞，再鋪上吸墨紙使用，於是輕輕鬆鬆煮出好喝的咖啡，也因此成立了現在的 Melitta 公司。這家公司後來也領先其他公司建立了「濾杯的標準」。

現在的 Melitta 濾杯是扇形，底部中央有一個小孔。Melitta 濾杯統一成這種「單孔」式造型是在一九六〇年代。在那之前也曾經推出許多三～八孔的多孔式濾杯。也就是說，他們故意「改良」成只有一個洞的形式，讓熱水較容易停留在濾杯裡。會這樣設計是因為 Melitta 濾杯的使用方式，是一次就要倒入目標量的熱水，與其他濾杯利用注水方式微調萃取速度的設計不同。一次注完熱水，在濾杯滴完熱水的這段時間進行咖啡成份的萃取，就算是手沖的初學者也能成功煮出一杯咖啡。只不過相較於其他濾杯，這款濾杯的萃取方式比較接近浸泡式。

這款濾杯所專用的「香氣・自然褐色」濾紙上，有為了萃取出咖啡溼香氣成份而自行開發的超微細「透香孔」。業者表示，一注入熱水後，就會升起優質的溼香氣，萃取初期也會有更多的成份順利溶出。此款濾紙的接合部份是雙重設計，因此比一般濾紙強韌。此外也是日本第一個取得推動世界森林保護活動的非營利組織 FSC® 認證的咖啡濾紙。

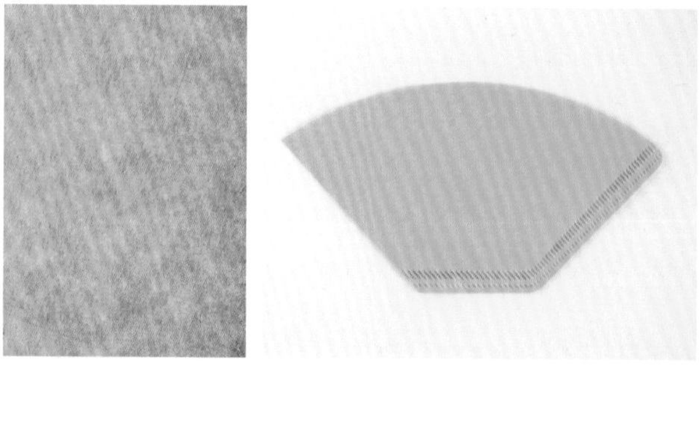

Melitta 濾杯的構造

Melitta 濾杯是扇形、單孔，與錐形濾杯不同，孔洞較小，因此屬於類似浸泡式的濾過式工具。一～兩杯專用的「1x1」濾杯溝槽延伸到上緣，二～四杯專用的「1x2」濾杯只有下半部有溝槽（照片是1x2）。而底部的設計，是要能萃取到最後一滴咖啡液。

萃取方式與其他的濾紙濾杯不同，在第一次注水後悶蒸，第二次注水時，就要一次全部注入想要的萃取量，並且讓熱水滴出最後一滴為止。這種注水方式不易出現失誤，萃取速度等則可藉由濾杯控制。

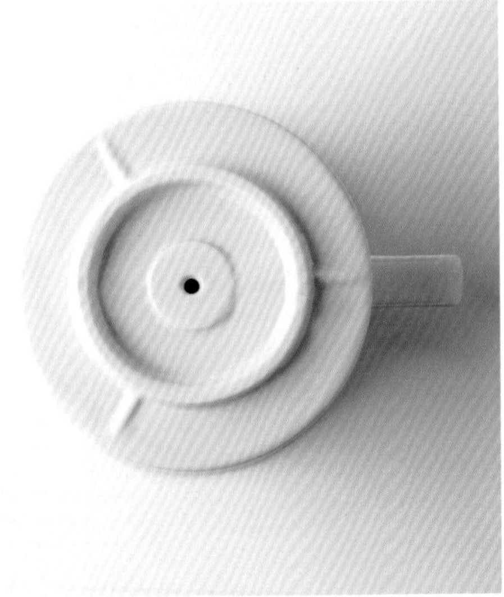

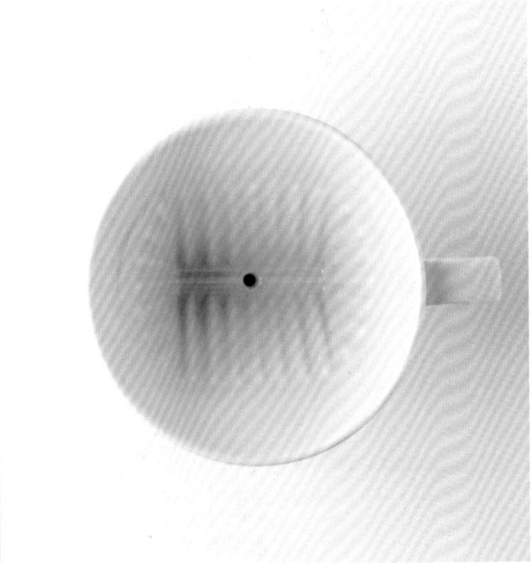

使用 Melitta 濾杯萃取

1 第一次注水

2 悶蒸

3 第二次注水

4 第二次注水（持續）

5 第二次注水，一次注入

6 第二次注水結束

Melitta 濾杯的萃取杯測

萃取條件

● 咖啡粉 ▸▸▸ 巴哈綜合咖啡豆
(a) 烘焙度…………略深的中深焙
(b) 粉的研磨度……中磨 (5.5)

與巴哈咖啡館基本萃取不同的條件
(c) 粉量……………二人份 16 公克
(d) 熱水溫度………93℃
(e) 萃取時間………2 分 47 秒 (在第二次注水時結束)
(f) 萃取量…………250 毫升

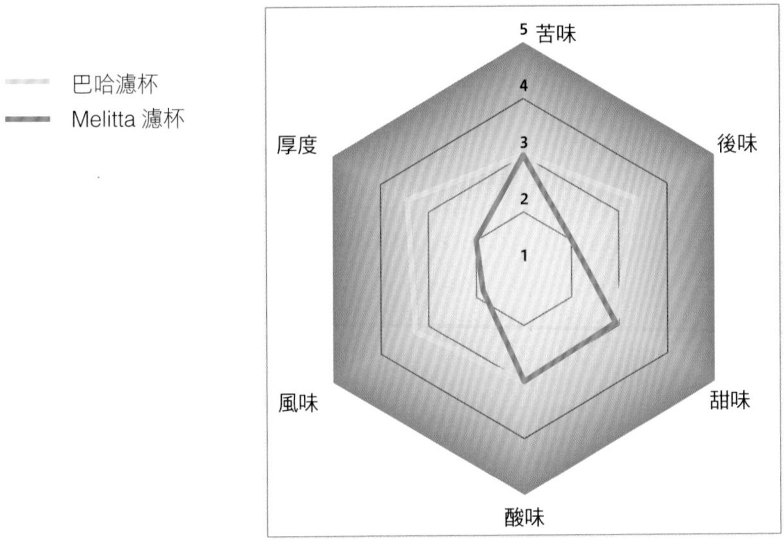

萃取時的風味筆記

☑ **風味/厚度/後味**
能感覺到分別都變得較不明顯。

☑ **酸味/苦味/甜味**
酸味也萃取出來，但仍殘留苦味，也感覺到甜味。

☑ **整體**
酸味和苦味萃取得剛剛好，也能品嘗到甜味。
或許是因為萃取方式類似浸泡式，以及濾紙上的小洞效果，也稍微萃取出油膩的感覺。
不太會受到技術影響，初學者也能輕鬆完成萃取。

b

法蘭絨濾布

法蘭絨濾布是濾紙濾杯的原型，也就是使用濾布萃取的方法。成品的味道濃醇順口，因此也是咖啡專賣店和專業咖啡師愛用的萃取法。

不過比起萃取的難易度，更麻煩的是法蘭絨濾布的清理。剛買來的法蘭絨濾布必須先去除濾布味道和表面上的漿，因此要以加入少量咖啡粉的熱水，煮沸過一遍才能使用。另外，每次用完都要用水洗乾淨，並泡在裝有淨水的容器中保存。淨水必須每天更換。如果法蘭絨濾布乾掉，卡在濾布裡的咖啡脂肪就會氧化。

用完洗淨的法蘭絨濾布要先徹底擰乾，再放入裝有淨水的容器裡放冰箱保存。

法蘭絨濾布的構造

使用法蘭絨濾布的咖啡粉濾過層比使用濾紙的更厚，更能夠完全悶蒸。另外，濾過速度也較為平均。法蘭絨濾布還可依照個人喜好改變形狀。只是濾布用久了會塞住，影響過濾品質，因此必須觀察變化控制萃取，並且每過一段時間就必須更換法蘭絨濾布。

法蘭絨濾布的萃取方法與濾紙濾杯的基本萃取相同，第一次注水之後悶蒸，接著在濾杯的熱水滴完之前進行第二次注水、第三次注水，直到到達目標萃取量為止。

使用法蘭絨濾布萃取

1 擦乾法蘭絨濾布的水分

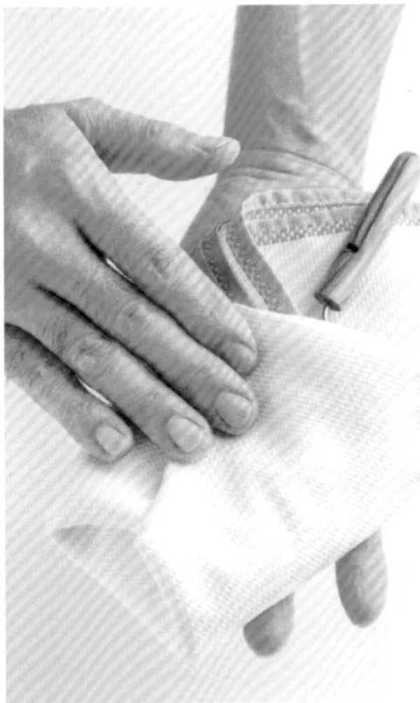

將法蘭絨濾布從保存容器內取出，稍微水洗之後徹底擰乾，再拿乾淨的布用力按壓，完全吸乾水分，再裝上咖啡壺、倒入咖啡粉。

2 第一次注水

第一次注水。步驟與濾紙濾杯的基本萃取相同，手沖壺的注水口要靠近粉面注入熱水，就像把熱水輕輕放在咖啡粉表面上。

3 悶蒸

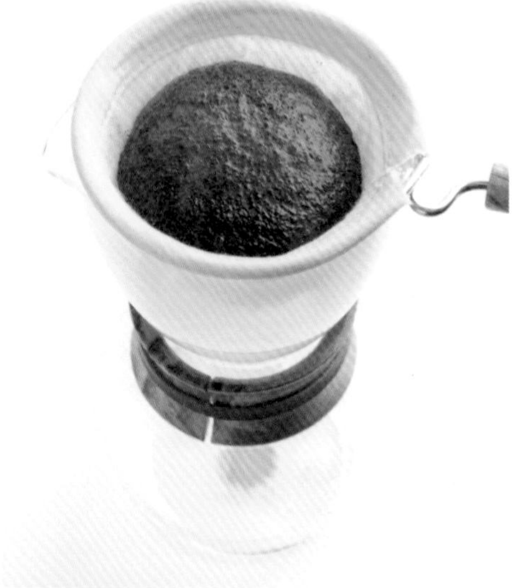

注水直到有微量的萃取液滴進咖啡壺就停止，讓它悶蒸。悶蒸時間是二十～三十秒。法蘭絨濾布不像濾紙濾杯有阻礙空氣流通的障礙物，因此即使熱水溫度偏高，空氣還是能夠從四面八方排出，幾乎不會發生粉面破洞等悶蒸失敗的狀況。

4 第二次注水

第二次注水。與基本萃取一樣緩慢畫「の」字，小心別把熱水直接淋在粉的邊緣與法蘭絨濾布上。

5 第二次注水結束

法蘭絨濾布因為咖啡粉層厚，所以能夠仔細萃取出咖啡成份。

6 第三次注水

第三次注水。第三次起的注水要在熱水滴完之前補水，稍微加快速度，使咖啡粉產生許多細泡沫。注水速度要與熱水滴落的速度差不多。到達目標萃取量就將濾布自咖啡壺上拿開。

法蘭絨濾布的萃取杯測

萃取條件

● 咖啡粉 ▸▸▸ 巴哈綜合咖啡豆
(a) 烘焙度…………略深的中深焙
(b) 粉的研磨度……中磨(5.5)
(c) 粉量……………二人份 24 公克

與巴哈咖啡館基本萃取不同的條件
(d) 熱水溫度………93℃
(e) 萃取時間………2 分 40 秒(在第三次注水時結束)
(f) 萃取量…………240 毫升

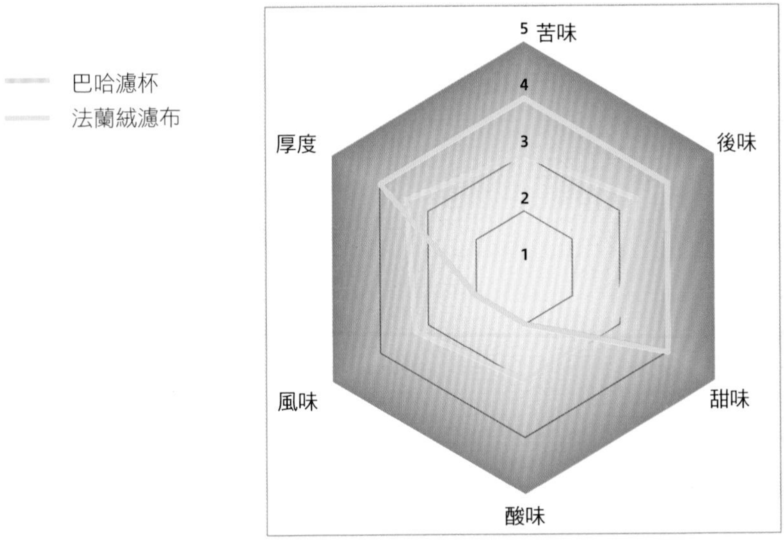

萃取時的風味筆記

☑ **厚度・醇度/後味/甜味/苦味**

就算水溫偏高，也能完全引出這些味道。

☑ **風味/酸味**

風味、酸味都比較不明顯。尤其是風味，不管是屏息喝或者一邊呼吸一邊喝，都沒有太大的差別。

☑ **整體**

淺焙豆會出現澀味，所以適合使用深焙或中深焙豆；比起咖啡豆的種類與原料特性，萃取工具的特性更明顯。使用這款過濾式萃取的前提是法蘭絨濾布的清理，絕對不能偷懶。法蘭絨濾布的形狀、大小、纖維豎起是在表面還是背面等的堅持，都會影響味道。

C 金屬濾網濾杯

此款是不使用濾紙，改以金屬細網格代替濾紙的金屬製濾杯。材質包括不鏽鋼和電鍍金屬等等，應有盡有。有的開了許多小洞，有的類似V字織紋，還有長孔型的金屬濾網濾杯。

有的產品附有專用杯架，有的只有單獨一個濾杯。照片上是一整套的Hario金屬濾網濾杯咖啡壺組。

金屬濾網濾杯容易被細粉等塞住引起堵塞，所以要用軟刷和中性清潔劑徹底洗淨。

形狀類似錐形濾杯，底部也全都是網格，沒有孔洞。萃取時，咖啡液會從所有網格滲出。

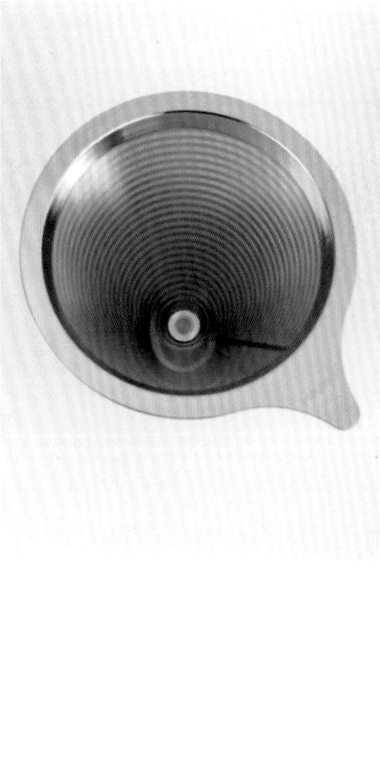

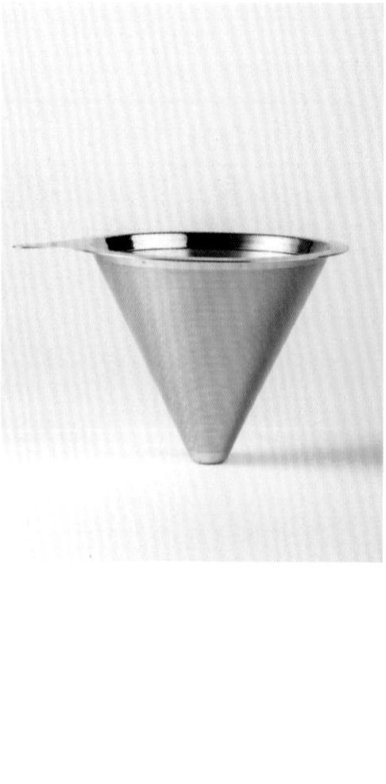

金屬濾網濾杯的構造

金屬濾網濾杯的網格大到眼睛能看見，所以油脂萃取量較多，此外細粉也多半會通過網格，建議在咖啡豆磨成粉之後，徹底去除細粉再使用，而油脂會讓人感覺到獨特的口感。用完的咖啡渣直接用水沖掉恐怕會堵住排水管，所以最好別直接沖進排水孔裡。

金屬濾網濾杯的萃取方法與濾紙濾杯的基本萃取相同，第一次注水後悶蒸，接著在濾杯的熱水滴完之前進行第二次注水、第三次注水，直到到達目標萃取量為止。

使用金屬濾網濾杯萃取

1 第一次注水

將咖啡粉倒入金屬濾網濾杯裡，輕輕搖晃整平表面，接著再開始第一次注水。與濾紙濾杯的基本萃取相同，手沖壺的注水口要靠近粉面注入熱水，就像把熱水輕輕放在咖啡粉表面上。

2 悶蒸

注水直到有微量的萃取液滴進咖啡壺就停止，讓它悶蒸。悶蒸時間是二十～三十秒。

3

第二次注水

第二次注水。與基本萃取一樣緩慢畫「の」字，小心別直接把熱水淋在粉的邊緣。

4

第二次注水結束

雖然萃取液滴落的速度也與金屬濾網濾杯的網格粗細、咖啡粉的研磨度有關，不過還是和濾紙濾杯相差甚遠，因此要視情況控制注水。

5

第三次注水

第三次注水。第三次起的注水要在熱水滴完之前補水，到達目標萃取量就拿掉濾杯。

6

第四次注水結束

金屬濾網濾杯的萃取杯測

萃取條件

● 咖啡粉 ▸▸▸ 巴哈綜合咖啡豆
(a) 烘焙度…………略深的中深焙
(b) 粉的研磨度……中磨（5.5）
(c) 粉量……………二人份 24 公克
(f) 萃取量…………300 毫升
※ 業者的建議量是 240 毫升

與巴哈咖啡館基本萃取不同的條件
(d) 熱水溫度………93℃
(e) 萃取時間………4 分 04 秒（在第四次注水時結束）

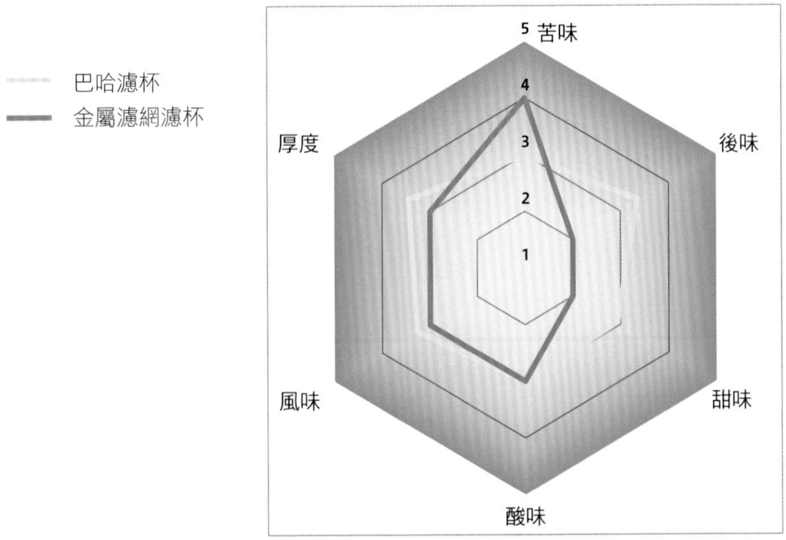

萃取時的風味筆記

☑ **後味／甜味**
兩者都很清爽低調。

☑ **苦味**
苦味略偏強。

☑ **整體**
熱水滴落的時間遠比 Hario、Kalita 濾杯更慢，所以萃取時間拉長，而萃取比起來較為費時，苦味也較強烈。
改用中焙而不是中深焙的烘焙豆，研磨度略粗一點的話，更能夠突顯金屬濾網濾杯的特色。
兼具法國壓與錐形濾杯（單孔）的優點。

d 法國壓（法式濾壓壺）

就像萃取紅茶般，法國壓是讓咖啡粉浸泡在熱水裡再行萃取的完全浸泡式萃取工具。以金屬濾網當作活塞，因此除了豐富的油脂之外，也會直接引出咖啡豆的特色。

在壺裡倒入咖啡粉之後，直接注入熱水就好，操作非常簡單，不過還是要注意一些細節：悶蒸必須完全，倒入熱水的動作要輕，最後還要看準壓下濾網的時機。這三項能夠確實掌握的話，不管是誰都用法壓壺萃取出美味的咖啡。

倒入熱水後，等待咖啡粉沉澱在下方，壺內的咖啡液停止動作。從後方透光觀察就能夠清楚看到壺內的樣子。

法國壓的構造

浸泡式萃取工具的代表。不過，悶蒸時間與熱水注入方式等，都會大大影響味道。萃取完畢就用金屬濾網活塞過濾掉咖啡粉，分離出咖啡液。

萃取方法與濾紙濾杯的基本萃取相同，等到熱水充分佈滿所有咖啡粉之後，讓它充分悶蒸。接下來注入熱水時要傾斜壺身，輕輕注水，避免攪動咖啡粉。壓下活塞時也不可以猛力一壓，或不斷上下拉壓，關鍵就在於不要擾動咖啡粉。

使用法國壓萃取

1 輕輕注水

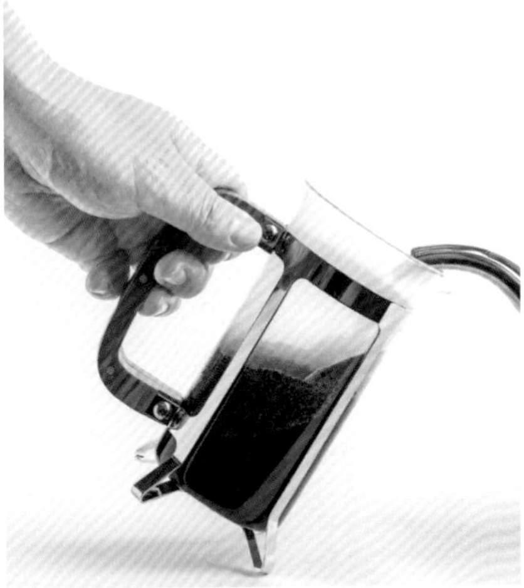

倒入咖啡粉，左右輕晃整平表面。輕輕倒入熱水，直到咖啡粉完全溼潤。

2 悶蒸

等到熱水流遍所有咖啡粉之後，就這樣悶蒸一分鐘。

3

再次倒入熱水

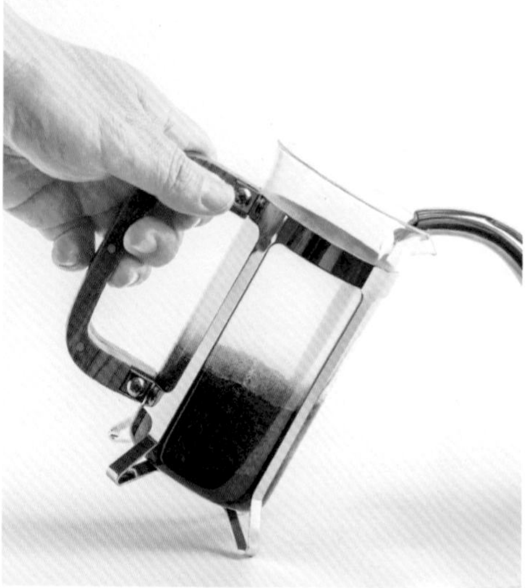

握著握把、傾斜法國壓的壺身，讓熱水順著側邊的玻璃輕輕且緩慢倒入。動作要盡量小心，不要擾動咖啡粉。

4

注水結束

隨著熱水高度愈來愈高，減少壺身傾斜的幅度。

5

蓋上蓋子

輕輕蓋上蓋子，等待咖啡粉沉澱下來。約兩分鐘。

6

壓下濾網

咖啡粉沉澱下來之後，慢慢壓下濾網活塞就完成了。最後把咖啡倒入杯中。

法國壓的萃取杯測

萃取條件

● 咖啡粉 ▸▸▸ 巴哈綜合咖啡豆
（a）烘焙度…………略深的中深焙
（b）粉的研磨度……中磨（5.5）

與巴哈咖啡館基本萃取不同的條件
（c）粉量……………二人份 20 公克
（d）熱水溫度………93℃
（e）萃取時間………3 分 30 秒（悶蒸 1 分鐘）
（f）萃取量…………240 毫升

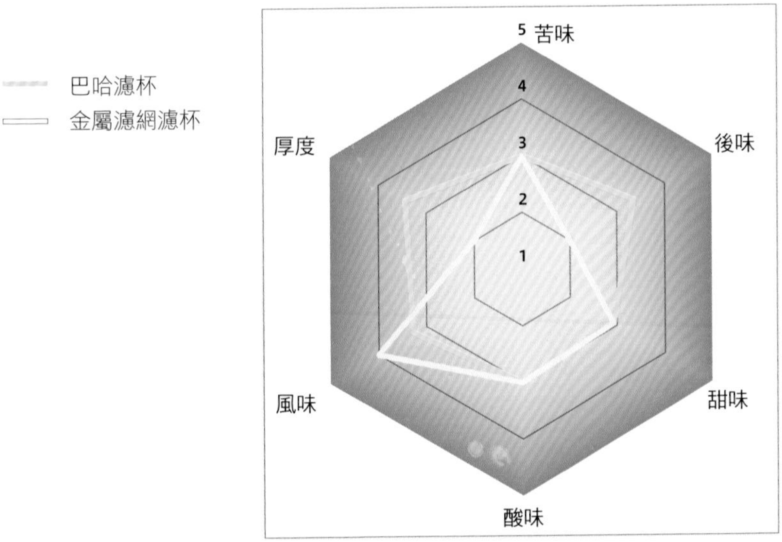

萃取時的風味筆記

☑ **風味／酸味／甜味**

風味、酸味、甜味被發揮出來，適合中深焙、中焙的咖啡豆。因為屬於浸泡式，咖啡整體很濃；另外，一般認為油脂容易附著香氣。

☑ **整體**

細粉混入，沒有濾紙或濾布過濾掉、安全的味道。能引出更多展現咖啡豆品質與烘焙度的味道。
咖啡豆的品質雖然會影響味道，不過能夠體驗到最直接的味道。
悶蒸時間要足夠，重點是注水動作要輕。

3 利用「杯測」，穩定控制每一杯咖啡的風味

了解前面介紹過的第二章「決定風味的6大法則」、第三章「六大手沖用具的萃取實作」理論之後，接下來就要實際挑戰味道的控制。

原理懂得再多，也無法在沖煮咖啡時控制味道。首先我們必須利用手邊現有的萃取工具，階段性改變六大要素的條件。偶而也可以拿出過去不曾用過的萃取工具試試。只要咖啡的味道與之前有一點點不同，應該都能夠成為驚喜的體驗，用身體記住，訓練感覺，留在記憶中。

杯測紀錄，是更接近「職人」的練習

味道控制的目標是要自己也覺得好喝？配合店裡目標客層的喜好？或者是以流行的味道作為追求重心呢？其實你只要按照自己的想法決定味道的方向，並且努力接近那個味道即可。

在決定味道之前，不斷地改變條件反覆萃取，也能磨練自己的技術，訓練味覺。在這個階段，

最重要的就是一定要留下杯測紀錄。

喝手沖咖啡時，若只是大略感覺「酸味有點強」、「有澀味」等等的話，你的咖啡萃取技術不會進步。

杯測是咖啡味道的最後一道檢查關卡，根據杯測的味道，檢討在每種條件下萃取的優缺點（在意的地方），客觀檢驗下一次萃取的哪個要素要做什麼樣的改變，才能夠愈來愈靠近自己理想中的味道。

巴哈咖啡集團的學習會也會請大家附上烘焙紀錄卡、杯測卡，作為回答各式各樣疑問時的參考，這樣才容易找出哪邊出了問題。杯測有幾種方式，以下要介紹的是不使用萃取工具進行測試的日本精品咖啡協會（ＳＣＡＪ）杯測法，以及使用萃取工具比較實際萃取液的巴哈咖啡館杯測法。

日本精品咖啡協會（SCAJ）的杯測法

杯測背後有各式各樣的歷史背景，過去的主流是巴西杯測法，找出咖啡豆的缺點扣分，屬於消極杯測法。後來精品咖啡登場，高品質的咖啡豆也愈來愈多，因此杯測自然而然變成找出優點的積極杯測法。

不同國家與文化對於味道的評價傾向也不同。歐美傾向追求「香氣」，日本則傾向追求「味道」。這裡介紹的是日本精品咖啡協會採用的SCAJ杯測法。這種杯測法少了對咖啡味道影響至深的苦味評價，顯得有些美中不足。

1 準備杯測要用的物品：裝著烘焙豆磨成的咖啡粉（十公克）的玻璃杯、杯測杓、裝著洗湯匙用水的玻璃杯、丟棄咖啡液用的杯子、熱開水。

2 嗅聞注入熱水之前的咖啡粉香氣（乾香氣）。

3 4 在玻璃杯裡倒入一百八十毫升的熱水（約九十五℃）。

5 悶蒸三分鐘。
表面的粉崩塌之後，封存在裡面的香氣一口氣湧上來。把玻璃杯靠近鼻子，檢查溼香氣。

6 用杯測杓去除表面的泡沫。

7 8 用杯測杓舀起咖啡液，用力吸入口中。此時稍微張開嘴巴吸入空氣，讓咖啡液霧化、氣味分子汽化，再以鼻腔後側去感覺。

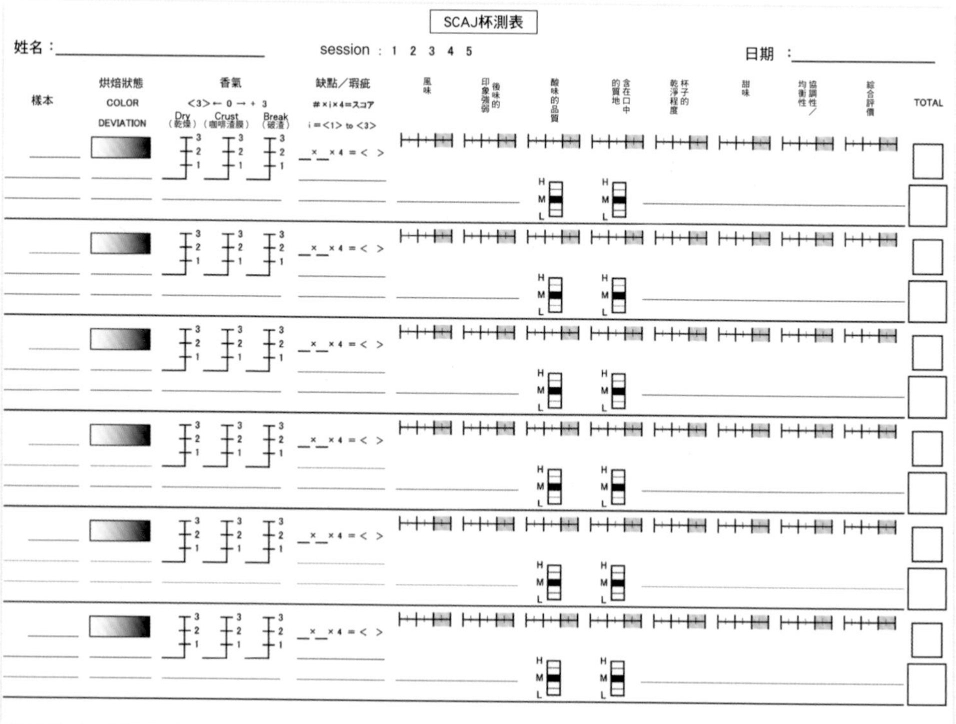

首先確認烘焙狀態與香氣，此外還要針對風味、後味印象強弱、酸味品質、含在口中的質感、杯子的乾淨程度、甜味、協調性（均衡性）、綜合評價等八項給分。每一個項目的滿分都是八分。

1
2
3
4
5
6
7
8

巴哈咖啡館的杯測法

而我想要推薦給本書讀者的，是以巴哈咖啡館杯測法測試一般濾紙濾杯手沖咖啡。

我們實際在店裡進行時，首先是將新的生豆樣本進行中焙、中粗磨；在兩個玻璃杯裡各放入十公克的咖啡粉之後，倒入一百八十毫升的熱開水，接著以日本精品咖啡協會的方式進行一般杯測。然後將生豆依照店內販售的烘焙度烘焙、分別研磨成適當的粗細之後，以一般濾紙濾杯手沖方式萃取，再把咖啡液倒入杯中，以杯測杓進行杯測。

使用萃取出來的咖啡液進行杯測的好處，就是能親自動手萃取，而萃取液的味道控制也很重要。

改變六大要素的條件、改變萃取工具並留下杯測紀錄，就能夠親眼看到味道控制會如何改變風味，以及自身味覺的變化等。

下一頁是在本書中出現的簡單杯測評價表，希望大家可以活用這個表格，持續記錄自己的杯測結果。這將是你深入咖啡世界，學會味道控制的重要武器。

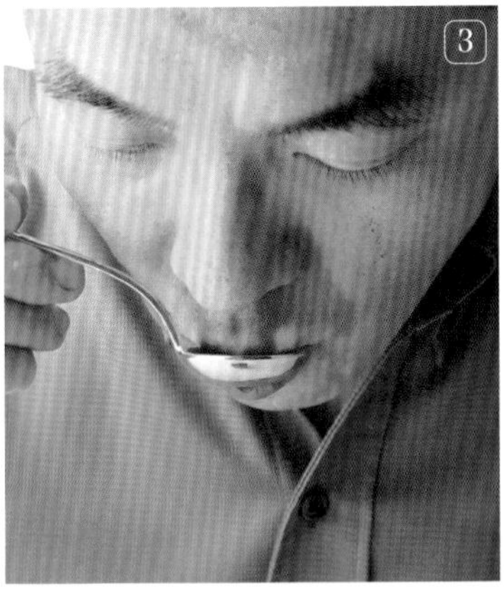

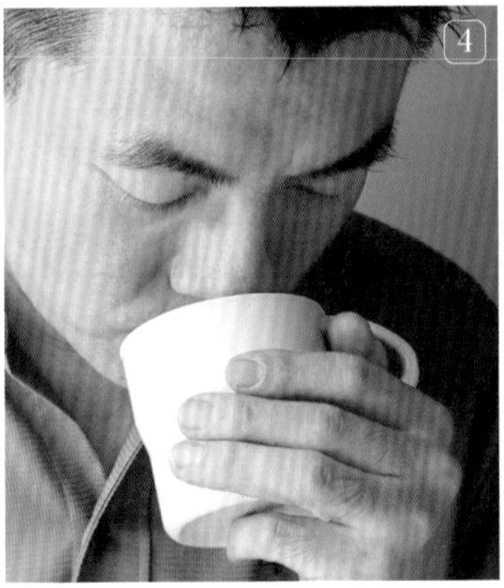

1 準備巴哈咖啡館杯測用的物品：裝著現煮咖啡的杯子、杯測杓、裝著洗湯匙用水的玻璃杯、吐掉咖啡液用的杯子。

2 用杯測杓舀起杯中的現煮咖啡液，觀察液體顏色。此時最好也觀察液體狀態並做紀錄。

3 用杯測杓舀起咖啡液，用力吸入口中。此時稍微張開嘴巴吸入空氣，讓咖啡液霧化、氣味分子汽化，再用鼻腔後側去感覺。

4 進行多種咖啡的杯測時，要把口中的咖啡吐掉，以清水洗淨杯測杓，再測試其他咖啡。

咖啡豆種類／ a 烘焙度／ b 研磨度／ c 粉量／ d 熱水溫度／ e 萃取時間／ f 萃取量／

	1	2	3	4	5
風味 flavor	太弱，幾乎沒有	弱	中	強	太強，不舒服
酸味 acidity			中		很酸
厚度・醇度 body			中		太強
後味 aftertaste		清爽	中	厚實	殘留在嘴裡
甜味 sweet			中		太強，不舒服
苦味 bitter			中		太苦

備註

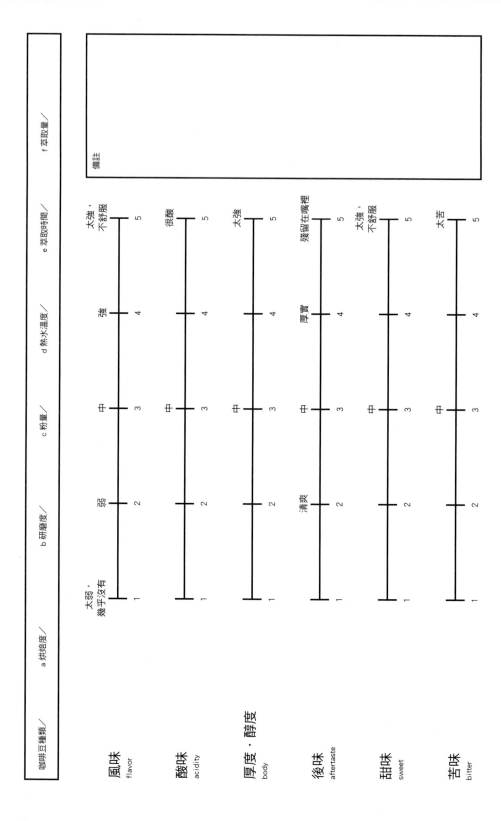

後記

如果各位能夠反覆閱讀這本書，嫻熟內容，並變成自己的知識，
那麼，煮出一杯完美的咖啡也就不是太遙遠的夢想。
即使你沒有咖啡萃取的經驗，從頭學起也可以。

書中所介紹控制萃取風味的法則，
是由我和巴哈咖啡館的重要夥伴們不斷改變條件進行萃取，
累積眾多實際測試的紀錄所導出的。
假如你拿到本書之後，覺得躍躍欲試，
就和我們一起改變條件、反覆杯測，挑戰控制萃取咖啡的味道吧！

咖啡的萃取與拍照類似，
無論遇到多麼適合拍照的場景，
無論找到多麼美麗的拍攝對象，

如何取景、如何捕捉光線、對焦在哪裡——
這些都要看個人。
能夠打動己心的同時，才能夠拍出動人的照片。

萃取也是。聚焦在哪個味道、想要引出哪個味道，
即使是同樣的烘焙豆也會煮出完全不同的咖啡。
味道的決定端看自己。

能夠打動自己的咖啡，才能抓住喝咖啡者的心。
這本書想要告訴你的，就是找尋這種目標的樂趣。

咖啡店的工作多半都是客人看不到的雜務——
採購生豆、烘焙生豆，還有維護咖啡廚房每個角落的清潔。
此外，還必須謹慎對待工具，保持最佳狀態。
不斷累積的細心用心所完成的味道，
也會展現出莫大的差異。

開店的話，除了咖啡的味道之外，

對於店內每個角落也要有同樣的要求。
品味咖啡的空間也會大大影響到咖啡本身的味道，
希望各位別忘了這點。

我當初的目標是否達成了呢？
「把這些法則傳授給未來有望的年輕後繼者們，
讓更多客人認識咖啡的美好。」
敬咖啡的未來。

田口護

COLUMN

用咖啡機也能煮出好咖啡

距今約二十年前，有一位大阪的日本經濟新聞報記者來電問我：

「田口先生，你認為咖啡機煮出來的咖啡不是咖啡嗎？」

我深入了解之後，才知道原來這位記者遇到這種情況。

他在某家日式咖啡館對老闆說：「跑外務回到公司喝的咖啡真好喝。」結果對方說：「那種咖啡才不是咖啡。」他感覺被徹底否定了，於是打電話問我。

我這樣回答他：

「不，我認為那也是咖啡。我現在像這樣子在講電話時，旁邊也有咖啡機。我自己工作到半夜，也會喝咖啡機煮出來的咖啡。」

「原來如此。」

那位記者在電話那頭發出詫異的聲音。

「光臨我們店裡的客人，只要是家裡有咖啡機的人，也會定期購買敝店的咖啡豆。巴哈咖啡館詢問過客人的咖啡機型號之後，會進一步調查並提供建議，讓他們能夠用那台咖啡機煮出接近巴哈的味道。有了咖啡機就能夠輕鬆享用咖啡，所以咖啡機是很好的工具。」

我毫不遲疑地回答。

我的目標是品嚐一杯好喝的咖啡。從那次之後，我思考，希望用咖啡機煮咖啡時也能夠控制味道、煮出更像自己喜愛的味道。

我希望各位在辦公室等地方忙碌時，有機會趁空檔休息的話，也能夠輕鬆享用一杯好喝的咖啡。

從那之後過了二十年，我與業者共同開發、追求咖啡美味、能夠煮出「專屬自己的一杯咖啡」的咖啡機終於問世。我想像跑外務回到公司的上班族用咖啡消除疲勞，與家人共度美好時光時身邊總是有咖啡在。

我想要對當時的記者道謝，也由衷希望各位能夠以這台咖啡機輕鬆享用咖啡。

TWINBIRD 日本職人級全自動手沖咖啡機

採用分離式低速臼型刀盤磨豆機。清理容易，研磨度均勻。可調整熱水溫度（90℃／83℃）、研磨度（粗、中、細）。蓮蓬頭式濾杯可從六個方向斷續注入熱水，避免萃取時破壞咖啡粉層。
尺寸：W160 x D335 x H360（公釐）
重量：約 4.1 公斤（只有產品主機部份）

國家圖書館出版品預行編目資料
咖啡大師的美味萃取科學 / 田口護、山田康一著；黃薇嬪翻譯 . -- 初版 . --
新北市：幸福文化出版：遠足文化發行 , 2020.03
面； 公分
ISBN 978-957-8683-88-4(精裝)
1. 咖啡

427.42 109001337

滿足館 054

咖啡大師的美味萃取科學

掌握烘焙、研磨、溫度和水粉比變化，精準控管咖啡風味

作　　者：田口護／山田康一
譯　　者：黃薇嬪
責任編輯：賴秉薇
封面設計：Rika Su
內文設計：王氏研創藝術有限公司
內文排版：王氏研創藝術有限公司

總 編 輯：林麗文
副 總 編：梁淑玲、黃佳燕
主　　編：高佩琳、賴秉薇、蕭歆儀
行銷總監：祝子慧
行銷企劃：林彥伶、朱妍靜

社　　長：郭重興
發 行 人：曾大福
出　　版：幸福文化／遠足文化事業股份有限公司
地　　址：231 新北市新店區民權路 108-3 號 8 樓
網　　址：https://www.facebook.com/happinessbookrep/
電　　話：(02) 2218-1417
傳　　真：(02) 2218-8057

發　　行：遠足文化事業股份有限公司
地　　址：231 新北市新店區民權路 108-2 號 9 樓
電　　話：(02) 2218-1417
傳　　真：(02) 2218-1142
電　　郵：service@bookrep.com.tw
郵撥帳號：19504465
客服電話：0800-221-029
網　　址：www.bookrep.com.tw

法律顧問：華洋法律事務所 蘇文生律師
印　　刷：通南印刷有限公司
電　　話：(02)2221-3532

初版六刷：西元 2023 年 5 月
定　　價：499 元

讀者回函卡

感謝您購買本公司出版的書籍，您的建議就是幸福文化前進的原動力。請撥冗填寫此卡，我們將不定期提供您最新的出版訊息與優惠活動。您的支持與鼓勵，將使我們更加努力製作出更好的作品。

讀者資料

●姓名：＿＿＿＿＿＿ ● 性別：□男 □女 ●出生年月日：民國＿＿年＿＿月＿＿日

●E-mail：＿＿＿＿＿＿＿＿＿＿＿＿

●地址：□□□□□ ＿＿＿＿＿＿＿＿＿＿＿＿

●電話：＿＿＿＿＿＿ 手機：＿＿＿＿＿＿ 傳真：＿＿＿＿＿＿

●職業：
□學生 □生產、製造 □金融、商業 □傳播、廣告
□軍人、公務 □教育、文化 □旅遊、運輸 □醫療、保健
□仲介、服務 □自由、家管 □其他

購書資料

1. 您如何購買本書？□一般書店（　　縣市　　　書店）
□網路書店（　　　　書店） □量販店 □郵購 □其他
2. 您從何處知道本書？□一般書店 □網路書店（　　　　書店） □量販店 □報紙□廣播
□電視 □朋友推薦 □其他
3. 您購買本書的原因？□喜歡作者 □對內容感興趣 □工作需要 □其他
4. 您對本書的評價：（請填代號 1. 非常滿意 2. 滿意 3. 尚可 4. 待改進）
□定價 □內容 □版面編排 □印刷 □整體評價
5. 您的閱讀習慣：□生活風格 □休閒旅遊 □健康醫療 □美容造型 □兩性
□文史哲 □藝術 □百科 □圖鑑 □其他
6. 您是否願意加入幸福文化 Facebook：□是 □否
7. 您最喜歡作者在本書中的哪一個單元：＿＿＿＿＿＿＿＿＿＿
8. 您對本書或本公司的建議：＿＿＿＿＿＿＿＿＿＿

請沿虛線剪下，黏貼好後，直接投入郵筒寄回

廣 告 回 信
臺灣北區郵政管理局登記證
第 1 4 4 3 7 號

請直接投郵，郵資由本公司負擔

23141

新北市新店區民權路 108-4 號 8 樓

遠足文化事業股份有限公司　收

咖啡大師的美味萃取科學

—コーヒー抽出の法則—

田口護、山田康一——著

黃薇嬪——譯